中国地质大学(武汉)实验教学系列教材
中国地质大学(武汉)实验技术研究项目资助

# 石油及天然气地质学实习指导书

何　生　叶加仁
王芙蓉　徐思煌　等编

中国地质大学出版社
ZHONGGUO DIZHI DAXUE CHUBANSHE

**图书在版编目(CIP)数据**

石油及天然气地质学实习指导书/何生，叶加仁，王芙蓉，徐思煌等编．—武汉：中国地质大学出版社，2010.9(2021.9重印)

ISBN 978-7-5625-2492-2

Ⅰ.石…

Ⅱ.①何…②叶…③王…

Ⅲ.石油及天然气地质-高等学校-教学参考资料

Ⅳ.P618.130.2

中国版本图书馆CIP数据核字(2010)第136706号

**石油及天然气地质学实习指导书**　　　何　生　叶加仁　王芙蓉　徐思煌　等编

责任编辑：王凤林　　　　责任校对：张咏梅

出版发行：中国地质大学出版社(武汉市洪山区鲁磨路388号)　　　邮编：430074

电话：(027)67883511　传真：67883580　　　E-mail：cbb @ cug.edu.cn

经　销：全国新华书店　　　http：//www.cugp.cn

开本：787毫米×1 092毫米 1/16　　　字数：180千字　　印张：7

版次：2010年9月第1版　　　印次：2021年9月第2次印刷

印刷：武汉市籍缘印刷厂　　　印数：3 001—4 000册

ISBN 978-7-5625-2492-2　　　定价：13.80元

# 前　言

《石油及天然气地质学实习指导书》是由中国地质大学(武汉)实验室设备处立项经费资助出版的，适用于资源勘查工程(油气方向)、石油工程、海洋科学与工程、煤及煤层气工程、钻井工程、地球物理勘探等相关专业四年制本科教学。

新编写的《石油及天然气地质学实习指导书》是2009年校极和省级教学研究立项“《石油及天然气地质学》新一轮课程实验实习教学内容及方法研究(编号:2009115)”的研究成果之一。是配合新一轮的教学改革和教学计划以及《石油及天然气地质学》新版教材的配套教学建设，是在学校进一步加强专业课教学、增加学时、改进教学方法、提高教学质量的要求下开展的课程实习环节教材的建设。旨在把课堂理论教学与实验教学环节紧密相结合，加强学生深入理解基本理论和专业知识，培养本科生的动手能力，独立思考和创新能力，全面提高教学质量，促进学生掌握知识和实践能力的综合发展。

本实习指导书的编写特色是:本着保留成熟的基本的认知型、检验型和技能型的实习内容，淘汰落后的实习内容，根据学科的发展补充新方法和新技术型的实习内容，适度补充综合设计型和研究创新型的实习内容，与新版理论教材内容有机衔接，形成完全配套的实习教材，适应突出专业特色，培养创新性人才的需要。

实习指导书共编写实习15个，适合资源学院、工程学院和地球物理与空间信息学院等相关本科专业开设的《石油及天然气地质学》的实习课教学，不同专业可根据教学需求有所选择。该实习指导书内容涉及面较宽，资料丰富，在理论知识和方法技术等方面也可作为《石油及天然气地质学》教材的补充读物，书中的部分内容是《石油及天然气地质学》教材涉及较少或尚未涉及到的，也可作为本科生的专业学习参考资料。

该实习指导书中的实习1、4、6为保留内容，由何生、徐思煌修改，新编内容分工见表0-1，全书由何生、叶加仁、王芙蓉、徐思煌等编，全书由何生统稿和定稿。在《石油及天然气地质学实习指导书》编写过程中得到了中国地质大学(武汉)实验室设备处的实验教材建设立项和经费支持，感谢教务处、资源学院和石油系在《石油及天然气地质学实习指导书》编写过程中给予的关心和支持。

**表0-1　实习指导书新编内容分工一览表**

| 姓　名 | 新编内容 | 实习内容性质 |
|---|---|---|
| 何　生 | 实习10、11 | 实习10—方法型<br>实习11—综合研究型 |
| 叶加仁 | 实习9 | 方法型 |
| 王芙蓉 | 实习2、3、13 | 实习2—认知型<br>实习3—综合研究型<br>实习13—综合研究型 |
| 侯宇光 | 实习5、15 | 实习5—认知型<br>实习15—综合研究型 |
| 张先平 | 实习7 | 研究创新型 |
| 李纯泉 | 实习8 | 新方法型 |
| 刘建章 | 实习12 | 研究创新型 |
| 胡守志 | 实习14 | 方法型 |

本实习指导书参考和引用了大量的文献资料，在书后所附的主要参考文献中未能全部列出，在此谨向文献作者、有关研究单位和出版单位一并表示衷心地感谢！

由于编者水平有限，书中错误和不妥之处在所难免，敬请读者批评指正。

编者

2010年5月10日

# 目　　录

# 实习1　石油组分分离和石油若干物理性质观察及测定（含石油沥青矿物识别）

## 一、实习目的

石油化学组成和物理性质两者之间有着密切的联系，了解石油化学组成和物理性质对石油地质研究和评价石油的工业品质有着十分重要的意义。石油沥青矿物质是由石油衍生出的一系列固态矿物，又称油矿物，它们是地面和井下很有价值的油气显示。本次通过肉眼观察和简易实验了解：①石油组分和分离方法；②石油基本物理性质观察及测定；③石油沥青矿物的宏观特征和分类及物理性质观察。

## 二、实习内容和方法

（一）石油组分分离和石油物理性质观察

1. 原油组分分离

石油的组分包括饱和烃、芳烃、胶质和沥青质。根据石油中同一组分的化合物分子结构具有相似性，而不同组分的化合物分子结构不同，其被固定相吸附的强弱也不同，相应的被流动相脱附快慢亦不一致。目前常采用的柱色层法就是根据原油不同组分的选择性吸附和溶解的这一特性，利用硅胶、氧化铝作吸附剂，而用与上述组分性质相似的溶剂作冲洗剂，冲洗色层柱，从而将原油各组分分离开。

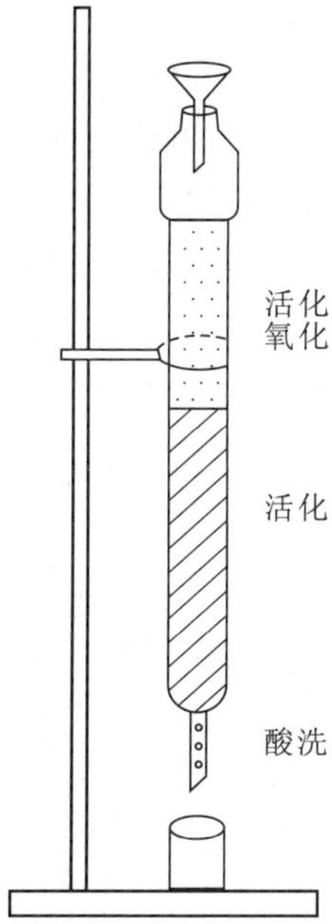

图1-1　色层柱装置简图

实验时，首先将原油进行蒸馏，切取210℃以上馏分用于组分分离。步骤是：将原油溶于适量的正己烷中，用滤纸或脱脂棉脱去沥青质，再将滤液通过漏斗移入色层柱中，色层柱固定相是硅胶和氧化铝（3∶2质量比），见图1-1；然后，用正己烷（$C_6H_{14}$）冲洗脱附得到饱和烃，蒸干正己烷即可得出含量；再用二氯甲烷（$CH_2Cl_2$）+正己烷（2∶1体积比）冲洗脱附得到芳烃，收集冲洗液，蒸干二氯甲烷+正己烷，即可得芳烃含量；残留在色层柱上的为胶质，可用乙醇（$C_2H_5OH$）和氯仿（$CHCl_3$）依次冲洗获得胶质，吸附在色层柱内的为柱留胶质，它们是吸附能力极强的含氮、硫、氧的非烃化合物，可由减差法算出其含量，若要专门进行研究可用苯+甲醇+丙酮将其全部冲洗下来。需要指出的是若定量分析时，所用玻璃器皿均应事先洗净、烘干、称重。

由色层分离得到饱和烃、芳烃组分均可进入气相色谱仪和气-质质谱仪（GC，GC-MS）做进一步分析。

2.原油颜色观察

石油颜色的深浅取决于胶质和沥青质的含量。一般胶质和沥青质含量愈高，颜色愈深。原油颜色一般在透射光照射下观察，即将样品对着光源方向，观察者对着光源观察样品透射光的颜色。若原油颜色深，透明度差，可摇动原油样品，观察留在玻璃管壁上原油薄膜的颜色。一般不观察反射光下的颜色，即观察者背向光源观察原油样品的颜色。因为反射光颜色常有荧光颜色干扰。

原油的颜色有多种，在透射光下，一般有乳白色、浅黄色、黄棕色、黄褐色、棕褐色、褐色、棕色至黑色。

观察我国若干油田原油的颜色，将观察结果记录在作业表1-1中。

3.原油溶解性观察

原油主要是以烃类为主的有机化合物的混合物，难溶于水，可溶于许多有机溶剂中。

取5支试管，分别装入2ml的正己烷($C_6H_{14}$)、二氯甲烷($CH_2Cl_2$)、氯仿($CHCl_3$)、四氯化碳($CCl_4$)、乙醇($C_2H_5OH$)和水，在各试管中分别加入一滴原油，观察各试管中原油的溶解情况，并作记录填入作业表1-2中。

4.原油荧光性观察

原油的荧光性是指其在紫外光(波长$0.2\times10^{-6}\sim0.4\times10^{-6}$m)照射下发出延续时间不足$10^{-7}$s的可见光的现象。石油中饱和烃不发荧光，不饱和烃及其衍生物才发荧光。低分子量芳烃呈天蓝色，随着分子量加大荧光色调加深，胶质一般呈浅黄到褐色，沥青质一般呈褐到棕褐色。

观察我国若干油气田原油的荧光性和原油组分分离得到的饱和烃、芳烃、胶质、沥青质有无荧光及荧光颜色，并作记录填入作业表1-3中。

需注意除石油发荧光外，石油沥青类矿物和某些岩石矿物也发荧光，如表1-1，这在含油岩石的荧光分析中应加以区别。

**表1-1　荧光发光物质和色调一览表**

| 发光物质 | 荧光颜色 | 鉴别特点 |
|---|---|---|
| 石英(蛋白石) | 灰白 | 坚硬、加酸不起泡 |
| 方解石 | 乳白 | 结晶完好、菱形解理、加酸起泡 |
| 石膏 | 亮天蓝、乳白 | 无色半透明、硬度小、加酸不起泡 |
| 盐岩 | 亮紫 | 无色、透明、晶形完整、具咸味 |
| 油浸泥岩 | 暗褐、褐黄 | 黑褐色、油腻感、污手 |
| 油页岩 | 暗褐、褐黄 | 黄褐、灰褐、灰黑色，页理发育 |
| 软沥青 | 橙、褐橙 | 具可塑性 |
| 白蜡 | 亮蓝 | |
| 油质沥青 | 白、浅黄、浅蓝、蓝绿 | |
| 胶质沥青 | 黄、橙、浅蓝、褐 | |
| 煤质沥青 | 黑、暗褐 | |
| 土壤沥青 | 玫瑰及青莲 | |

5.原油相对密度测定

石油在20℃的密度与4℃时纯水的密度之比，称为原油的相对密度，以$D_4^{20}$表示之。石油的相对密度常用固体相对密度计或韦氏相对密度天平测定。

1)原油相对密度测定

将原油注入量筒中,用固体相对密度计放入量筒中测定,记录测定时的温度及读数,并用下式进行温度校正:

$$D_4^{20} = D_4^T + r(T - 20)$$

式中,$D_4^{20}$ 为标准温度下的相对密度;$D_4^T$ 为试验温度下相对密度计读数;$r$ 为相对密度的补正数,可查表 1-2 获得;$T$ 为室内温度(℃)。将读数和计算结果填入作业表 1-4 中。

2)利用 YM 型液体密度计进行原油密度测定

YM 型液体密度计是不等臂杠杆式仪器,主要组成有刻度杠杆主尺,在杠杆尺上镶有一支主刀刃作为支点,杠杆左端连有一只液体杯,杠杆的右端连接平衡筒。当原油充满液体杯后,移动杠杆主尺上的砝码,平衡时即可读取原油密度,将读数填入表 1-2 中,单位为 g/cm³。该测定由教员指导完成。

**表 1-2　原油相对密度的平均温度校正系数表**

| 相对密度($D_4^T$) | 1℃的温度校正系数($r$) | 相对密度($D_4^T$) | 1℃的温度校正系数($r$) |
|---|---|---|---|
| 0.690 0~0.699 0 | 0.000 910 | 0.850 0~0.859 9 | 0.006 99 |
| 0.700 0~0.709 9 | 0.000 897 | 0.860 0~0.869 9 | 0.000 686 |
| 0.710 0~0.719 9 | 0.000 884 | 0.870 0~0.879 9 | 0.000 673 |
| 0.720 0~0.729 9 | 0.000 870 | 0.880 0~0.889 9 | 0.000 660 |
| 0.730 0~0.739 9 | 0.000 857 | 0.890 0~0.889 9 | 0.000 647 |
| 0.740 0~0.749 9 | 0.000 844 | 0.900 0~0.909 9 | 0.000 633 |
| 0.750 0~0.759 9 | 0.000 831 | 0.910 0~0.919 9 | 0.000 620 |
| 0.760 0~0.769 9 | 0.000 805 | 0.920 0~0.929 9 | 0.000 607 |
| 0.770 0~0.779 9 | 0.000 808 | 0.930 0~0.939 9 | 0.000 594 |
| 0.780 0~0.789 9 | 0.000 792 | 0.940 0~0.949 9 | 0.000 581 |
| 0.790 0~0.799 9 | 0.000 778 | 0.950 0~0.959 9 | 0.000 567 |
| 0.800 0~0.809 9 | 0.000 765 | 0.960 0~0.969 9 | 0.000 554 |
| 0.810 0~0.819 9 | 0.000 752 | 0.970 0~0.979 9 | 0.000 514 |
| 0.820 0~0.829 9 | 0.000 738 | 0.980 0~0.989 9 | 0.000 528 |
| 0.830 0~0.839 9 | 0.000 725 | 0.990 0~1.000 0 | 0.000 515 |
| 0.840 0~0.849 9 | 0.000 712 | | |

6. 原油动力粘度测定

粘度是表示原油流动性能的重要参数。度量粘度的参数因测定的装置和计量单位的差别,分别称为:动力粘度(绝对粘度,单位为 Pa·S)、运动粘度(单位为 m²/s)和恩氏粘度(相对粘度)。

恩氏粘度的测定是在一定温度($T$)下,在恩氏粘度计中,先测使 200ml 原油通过标准孔的流出时间(s),再测 20℃时同体积蒸馏水流出的时间(称为水值,常为 51s),两者流出时间的比值为恩氏粘度,以 $E_t^{20}$ 表示。由恩氏粘度表可查得相应的运动粘度。运动粘度乘以该温度时原油的相对密度,即为动力粘度。

使用 ZNN-$D_6$ 型旋转粘度计测定原油的动力粘度,测量原理是根据牛顿型流体流动服从牛顿内摩擦定律,非牛顿型流体中的塑性型流体服从宾汉公式,假塑型流体和膨胀型流体服从幂函数式,依据旋转角大小与液体的粘度成正比的关系,测定液体的动力粘度。有关概念见实习 1 附录中名词解释。ZNN-$D_6$ 型旋转粘度计的使用由教员具体讲解和指导,将读数和计算结果填入作业表 1－5 中。

（二）石油沥青矿物识别

石油沥青矿物是指石油在热力、氧化和细菌等一系列物理化学和生物化学作用下，次生变化的产物。由于石油的原始组成不同，其次生变化的方向和产物也不甚相同，石油的次生变化的主要方向及产物，大致可归纳如图 1－2 所示。其中软沥青、地沥青、石沥青和地蜡为石油演化的早、中期产物，与石油的关系较为密切；而碳质沥青、碳沥青和次石墨为变质作用的产物，它们与石油之间的实际联系已不明显。

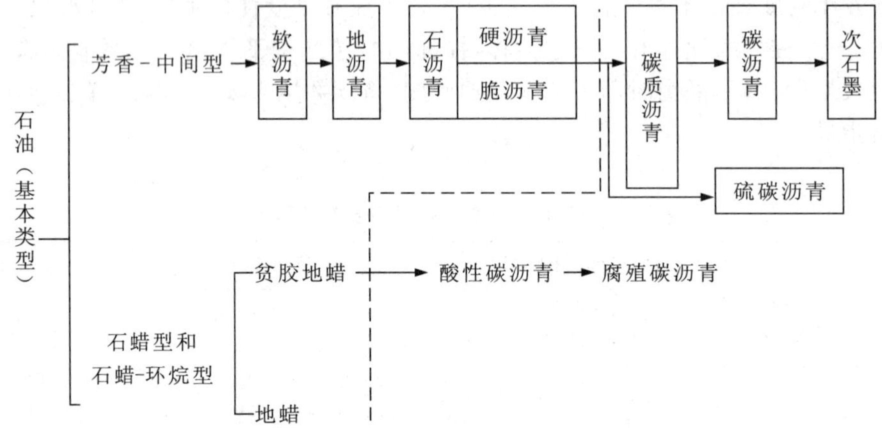


图 1－2　石油次生变化的主要方向及产物

主要石油沥青矿物的元素组成和物理性质如表 1－3 和表 1－4 所示。

**表 1－3　石油沥青矿物的元素组成简表**

| 名称 | | 元素组成（质量％） C | H | N | O | S | C/H（质量比） | 备注 |
|---|---|---|---|---|---|---|---|---|
| 石油 | | 85.0（平均值） | 14.0（平均值） | 1.0 平均值 | | | 6.1 | |
| 地蜡 | | 84～86 | 13～15 | — | 0～5.0 | — | 6.0 | ＊软沥青为氧化程度较低的地沥青，其 H 含量在石油和地沥青之间，为半固态的石油初期氧化作用的产物 |
| 恩巴区贫胶地蜡 | | 80.0～85.8 | 10.1～11.5 | 0.2～0.8 | 0.6～8.5 | 0.9～2.0 | 7.3～8.0 | |
| 软沥青＊ | | 70.5～90＊ | 8.3～13.0 | 微量～2.4 | 0.25～16.7 | 0.36～10.2 | | |
| 地沥青 | | 81.73 | 9.84 | ←8.43（平均值）→ | | | 8.3 平均值 | |
| 石沥青 | 硬沥青 | 83.19 | 9.23 | ← 7.58 → | | | 9.0 | |
| | 脆沥青 | 83.14 | 7.48 | ← 9.38 → | | | 11.1 | |
| 碳质沥青 | 黑沥青 | 85.40 | 9.25 | ← 5.35 → | | | 9.2 | |
| | 焦性沥青 | 88.7 | 5.99 | ← 5.31 → | | | 14.8 | |
| 碳沥青 | | >90～94 | <3～5 | ← <3～5 → | | | 24.9～67.7 | |
| 次石墨 | | 97.24 | 0.64 | ← 2.12 → | | | 159.4 | |

表 1-4　主要石油沥青矿物物理特性简表

| 名称 | 成因 | 颜色 | 断口 | 硬度 | 熔点(℃) | 溶解性 | 可燃性 | 光泽 | 产状 | 密度($g/cm^3$) |
|---|---|---|---|---|---|---|---|---|---|---|
| 地蜡 | 物理分异产物 | 浅黄暗棕 | 粒状—粗糙 | <1 | 30～60 | 易溶于所有有机溶剂 | 有明亮的火焰 | 油脂光泽 | 层状或脉状充填于岩层的裂隙中 | 0.9～0.94 |
| 软沥青 | 风化作用产物 | 黑 | 粗糙 |  | <110 | 能完全溶于 $CS_2$ 和乙醚 | 易燃，有明显带黑烟火焰 | 油脂光泽 | 半固态沥青湖 | 0.97～>1 |
| 地沥青 | 风化作用产物 | 棕黑—黑 | 粗糙—贝壳状 | 0.5～2 | >100 | 溶于全部有机溶剂 | 易燃，有明显带黑烟火焰 | 暗淡明亮 | 脉状和丘状 | 0.97～>1 |
| 硬沥青 | 风化作用产物 | 褐黑—黑 | 贝壳状 | 0.5～3 | 10～175 | 在苯、$CS_2$、$CHCl_3$ 中几乎能完全溶解，在石油醚中能溶解 60%左右 | 易燃，有明显带黑烟火焰 | 明亮 | 脉状和层状 | 1.06～1.35 |
| 脆沥青 | 风化作用产物 | 褐黑—黑 | 贝壳状 | 2 | 175～320 | 在 $CS_2$、$CHCl_3$ 溶解性较好，在石油醚、酒精中溶解性较差 | 燃烧时有分解现象，火焰弱 | 明亮 | 脉状 | 1.15～1.18 |
| 黑沥青 | 变质作用产物 | 黑 | 贝壳状 | 2～2.5 | 难熔 | 在 $CS_2$ 中可溶解 2%～10% | 燃烧时有分解现象火焰很弱 | 明亮 | 脉状 | 1.07～1.10 |
| 焦性沥青 | 变质作用产物 | 黑 |  | 2.5～3.5 | 难熔 | 不溶 | 燃烧困难 |  | 脉状 |  |
| 次石墨 | 变质作用产物 | 黑 | 片状 | 3.0～4.5 | 很难熔 | 不溶 | 燃烧困难 | 金属或半金属光泽 | 脉状 | 1.86～1.98 |

## 三、实习作业

完成实验内容要求的观察和实验项目，将结果填入作业表 1-1 至作业表 1-6 中。

作业表 1-1　我国若干油气田原油颜色肉眼观察记录表

| 序号 | 油气田名称 | 原油颜色 | 序号 | 油气田名称 | 原油颜色 |
|---|---|---|---|---|---|
| 1 |  |  | 2 |  |  |
| 3 |  |  | 4 |  |  |
| 5 |  |  | 6 |  |  |
| 7 |  |  | 8 |  |  |
| 9 |  |  | 10 |  |  |

本次实习识别地蜡、软沥青、地沥青、硬沥青、脆沥青、次石墨6种石油沥青矿物。对比上述6种油矿物(或准油矿物)的主要物理性质,并作记录,填入作业表1-6中。

## 四、仪器用品和试剂材料

1. 仪器及实验用品

荧光灯、色谱柱、韦氏相对密度天平、固体相对密度计、ZNN-$D_6$型旋转黏度计、气相色谱仪、温度计、试管、烧杯、漏斗、滤纸。

2. 试剂材料

正乙烷($C_6H_{14}$)、氯仿($CHCl_3$)、四氯化碳($CCl_4$)、乙醇($C_2H_5OH$)、丙酮($CH_3COCH_3$)、氧化铝($Al_2O_3$)、硅胶($mSiO_2 \cdot nH_2O$)、酸洗石棉、蒸馏水($H_2O$)。

**作业表1-2 原油溶解性观察记录表**

| | 试管1<br>正己烷($C_6H_{14}$) | 试管2<br>二氯甲烷($CH_2Cl_2$) | 试管3<br>氯仿($CHCl_3$) | 试管4<br>四氯化碳($CCl_4$) | 试管5<br>水($H_2O$) |
|---|---|---|---|---|---|
| 溶解性 | | | | | |

**作业表1-3 原油组分荧光颜色观察记录表**

| 序号 | 组分 | 荧光颜色 | 序号 | 组分 | 荧光颜色 |
|---|---|---|---|---|---|
| 1-1 | 饱和烃 | | 2-1 | 饱和烃 | |
| 1-2 | 芳烃 | | 2-2 | 芳烃 | |
| 1-3 | 胶质 | | 2-3 | 胶质 | |
| 1-4 | 沥青质 | | 2-4 | 沥青质 | |

**作业表1-4 原油相对密度测定表**

| 日期: | 室内温度 $T=$ ℃ |
|---|---|
| 固体相对密度计法<br>油样相对密度<br>$D_4^T=$<br>$D_4^{20}=$ | YM型液体密度计法<br>油样密度<br>$\rho_o=$<br>水样密度<br>$\rho_w=$ |

**作业表1-5 ZNN-$D_6$型旋转黏度计测定原油和水的动力黏度数据表**

| 日期: | 室内温度 $T=$ ℃ |
|---|---|
| 油样动力粘度 $\mu_o=$<br>水样动力粘度 $\mu_w=$ | |

作业表 1-6　油矿物的主要物理性质观测表

| 名称 | 颜色 | 断口 | 硬度 | 光泽 | 密度($g/cm^3$) |
|---|---|---|---|---|---|
| 地蜡 | | | | | |
| 软沥青 | | | | | |
| 地沥青 | | | | | |
| 硬沥青 | | | | | |
| 脆沥青 | | | | | |
| 次石墨 | | | | | |

## 五、附录：名词解释

(1) 牛顿型流体是指在任意小的外力作用下能流动的流体，并且流速梯度(剪切应变率)($D$)与所加的剪切应力($\tau$)的大小成正比，这种流体叫做牛顿型流体。牛顿型流体的流变方程是：$\tau=\eta D$，式中 $\eta$ 是不依赖于剪切变速度的常数，称为粘度。将剪切应力与剪切应变率之间满足线性关系的流体称为牛顿型流体，而把不满足这种线性关系的流体称为非牛顿型流体。

(2) 塑性流体是指在受到外力作用时并不立即流动而要待外力增大到某一程度时才开始流动的流体，具有屈服值及触变性的特性。塑性流体并不随外力的增加或减小而变化，即是说不像假塑性流体一样随外力的增加或减小而变稠或变稀。塑性流体的最明显特性是，可随作用力(如剪切应力)的施加而产生变形，当外力撤除后并不回复原型。

(3) 膨胀型流体的主要流动特征是流速梯度很低时，流动行为基本同牛顿型流体；超过某一个临界值后，剪切粘度随流速梯度增大而增大，呈剪切变稠效应，流体表观“体积”略有膨胀，故称膨胀型流体。

# 实习 2　储集岩和盖岩手标本宏观特征观察及对比

## 一、实习目的

地下岩石中之所以能够储存油气，主要是因为这类岩石具有较好的孔隙性和渗透性，能够给油气提供储集空间以及允许油气通过其连通孔隙的能力。这种具有连通孔隙、允许油气在其中渗滤的岩石就叫储集岩，又被称为储集层（简称储层）。位于储集层的上方、能够阻止油气向上逸散的岩石叫做盖岩（又称盖层）。储层的孔隙度和渗透率越大，评价越好；盖层则越致密越好。储集层和盖层的特征和影响因素有明显的区别。本次实习通过岩石手标本的观察，认识和了解：①储集层主要的岩石类型、成岩特征、孔隙特征及含油气性；②盖层主要的岩石类型、成岩和孔隙特征；③储集层和盖层的沉积环境、岩性特征的差异性。

## 二、相关理论和方法

1.沉积岩石类型

虽然理论上没有岩性限制，但实际上已发现的油气多数产自沉积岩层，其中以砂岩和碳酸盐岩最为重要，沉积岩分类见表 2－1。砂岩根据碎屑的粒度可进一步细分。

**表 2－1　沉积岩分类表**

| 它生沉积岩 | | | 自生沉积岩 | | |
|---|---|---|---|---|---|
| 陆源岩 | | 火山碎屑岩（按结构细分） | 碎屑-生物-化学岩 | 化学岩 | 有机岩 |
| 碎屑岩（按结构细分） | 泥质岩（按固结程度细分） | | | | |
| 砾岩　＞2mm<br>粗砂岩　0.5～2mm<br>中砂岩　0.25～0.5mm<br>细砂岩　0.1～0.25mm<br>粉砂岩　0.005～0.1 mm | 粘土<br>泥岩<br>页岩 | 集块岩　＞64mm<br>火山角砾岩　64～2mm<br>凝灰岩　＜2mm | 碳酸盐岩<br>硅质岩<br>磷质岩<br>铁质岩<br>铝质岩 | 蒸发岩<br>锰质岩<br>铜质岩<br>沸石质岩 | 煤<br>油页岩 |

碳酸盐岩是由方解石和白云石等自生碳酸盐矿物所组成的沉积岩，主要有两种类型：以方解石为主的灰岩和以白云岩为主的白云岩。根据方解石和白云石的含量还可以进一步细分（表 2－2）。

**表 2－2　碳酸盐岩按成分分类表**

| | 石灰岩 | 含云灰岩 | 云灰岩 | 灰云岩 | 含灰云岩 | 白云岩 |
|---|---|---|---|---|---|---|
| 方解石 | ＞95％ | 75％～95％ | 50％～75％ | 25％～50％ | 5％～25％ | ＜5％ |
| 白云石 | ＜5％ | 5％～25％ | 25％～50％ | 50％～75％ | 75％～95％ | ＞95％ |

盖层按岩石特征可分为泥页岩类、蒸发岩类和致密灰岩盖层3种。常见的盖层岩石类型有泥岩、页岩、石膏和硬石膏、盐岩、含膏或含盐的软泥岩、泥岩、泥质粉砂岩、泥灰岩和泥质灰岩以及致密灰岩等。

2.岩石沉积构造

流水和风的沉积作用不但是形成大部分沉积岩的结构特征，而且在这些岩石上留下宏观的沉积构造，可以显示出各组成部分的分布和排列方式(表2-3)。

**表2-3 沉积岩的沉积构造分类表**

<table>
<tr><td></td><td colspan="4">物理的(或机械的)</td><td colspan="2">生物的</td><td>化学的</td></tr>
<tr><td rowspan="10">原生</td><td colspan="2">流动构造</td><td>变形构造</td><td>其它</td><td rowspan="4">遗迹化石</td><td>足迹</td><td rowspan="10">鸟眼构造<br>晶痕、结核</td></tr>
<tr><td rowspan="6">层理</td><td rowspan="6">交错层理<br>波状层理<br>水平和平行层理<br>递变层理<br>均匀层理和复合层理</td><td rowspan="9">负载<br>球和枕状<br>旋卷<br>滑塌<br>砂岩脉和墙<br>碟状构造</td><td rowspan="9">干裂<br>雨痕<br>冰雹痕</td><td>爬迹</td></tr>
<tr><td>潜穴</td></tr>
<tr><td>钻孔</td></tr>
<tr><td colspan="2">生物扰动构造</td></tr>
<tr><td colspan="2">植物根痕</td></tr>
<tr><td colspan="2">生物生长构造</td></tr>
<tr><td rowspan="2">表面和底面</td><td rowspan="2">印痕<br>波痕<br>冲刷和刻压痕</td><td colspan="2"></td></tr>
<tr><td colspan="2"></td></tr>
<tr><td colspan="2">剥离线理</td><td colspan="2"></td></tr>
<tr><td rowspan="3">次生</td><td colspan="2" rowspan="3"></td><td rowspan="3"></td><td rowspan="3"></td><td colspan="2" rowspan="3"></td><td>后生结核</td></tr>
<tr><td>叠锥</td></tr>
<tr><td>缝合线</td></tr>
</table>

3.宏观孔隙结构

岩石中的储集空间按其形状可分为孔隙和裂缝两大类。孔隙是三维发育的，裂缝主要是二维延展的。较大的孔隙则笼统地称为孔洞或洞穴，“孔”与“洞”没有严格界限，一般界限为1～4mm。

砂岩储层的储集空间主要为孔隙和裂缝，手标本中难以识别较小的孔隙，但可以识别裂缝；碳酸盐岩储层的孔隙主要为孔、洞、裂，手标本中可以识别出大的孔洞，裂缝多为后期的方解石充填，与围岩可以明显区分。

## 三、实习内容和作业

(一)储集层手标本特征观察及分析

观察我国若干油气田的钻井岩心和露头手标本，确定储集岩类型，并详细命名；根据岩石中发育的各种沉积构造，大致判断对应的沉积环境特征和水动力条件；观察砂岩和碳酸盐岩手标本中孔、洞、缝的发育情况，对比砂岩、碳酸盐岩的岩性和孔隙特征的异同，将观察结果填入作业表2-1。

**作业表 2-1　我国若干油气田/油层储集岩手标本特征观察记录表**

| 序号 | 油藏/油层 | 储集岩岩性 | 储集岩沉积构造 | 沉积环境 | 孔隙特征 | 序号 | 油藏/油层 | 储集岩岩性 | 储集岩沉积构造 | 沉积环境 | 孔隙特征 |
|---|---|---|---|---|---|---|---|---|---|---|---|
| 1 | | | | | | 4 | | | | | |
| 2 | | | | | | 5 | | | | | |
| 3 | | | | | | 6 | | | | | |

(二)盖层手标本特征的观察及分析

观察我国若干油气田的盖层手标本，确定盖层岩石类型；观察我国若干油气田的盖层手标本的沉积构造特征，大致判断对应的沉积环境特征和水动力条件；观察和判断不同类型的盖层手标本成岩特征和封盖能力，将观察结果填入作业表 2-2。

**作业表 2-2　我国若干油气田/油层的盖层手标本特征观察记录表**

| 序号 | 油藏/油层 | 盖层岩性 | 盖层沉积构造 | 沉积环境 | 封盖能力 | 序号 | 油藏/油层 | 盖层岩性 | 盖层沉积构造 | 沉积环境 | 封盖能力 |
|---|---|---|---|---|---|---|---|---|---|---|---|
| 1 | | | | | | 4 | | | | | |
| 2 | | | | | | 5 | | | | | |
| 3 | | | | | | 6 | | | | | |

(三)思考和分析

通过储集层和盖层手标本的观察和分析，总结储集层和盖层的岩石类型、沉积或形成环境、成岩作用和孔隙特征，并思考储集层和盖层相对关系，将分析结果填入作业表 2-3。

**作业表 2-3　储集层、盖层特征分析**

| | 储集层 | 盖层 |
|---|---|---|
| 主要岩石类型 | | |
| 有利沉积环境或形成环境 | | |
| 主要成岩作用 | | |
| 主要孔隙特征 | | |
| 相对关系 | | |

# 实习3　储集层岩石成分和结构对孔隙特征及储集物性的影响

## 一、实习目的

碎屑岩储集层的岩石矿物成分、结构、粒度、分选、磨圆、填隙物(杂基和胶结物)含量等因素对储集性能都起着不同程度的影响,而且后期的成岩作用也对储集物性有较大的影响。碳酸盐岩储集层的岩石类型、孔隙特征、沉积环境和成岩作用是影响储集物性的主要因素。本次实习通过岩石薄片的观察了解和认识:①碎屑岩和碳酸盐岩储集层的岩石成分和结构特征;②储集岩的孔隙类型、孔隙和喉道特征;③碎屑岩岩石成分和结构对物性的影响。

## 二、相关理论和方法

### (一)砂岩岩石成分和类型判断

砂岩在沉积岩中仅次于泥质岩,占第二位,约占沉积岩的1/3。砂岩的成分由4个基本部分组成。

碎屑颗粒包括石英、长石、岩屑,多为陆源区母岩成分的继承物;基质也称为杂基,是与碎屑颗粒同时沉积的较细粒的物质,通常为粘土和粉砂;胶结物是碎屑颗粒沉积之后,从水溶液中沉淀的化学物质,对碎屑颗粒起胶结作用,成分主要有碳酸盐、二氧化硅、铁的氧化物以及粘土;孔隙是岩石中未被固体物质充填的部分。

根据砂岩的碎屑颗粒中石英、长石和岩屑的相对含量,可以对砂岩进行分类(图3-1)。

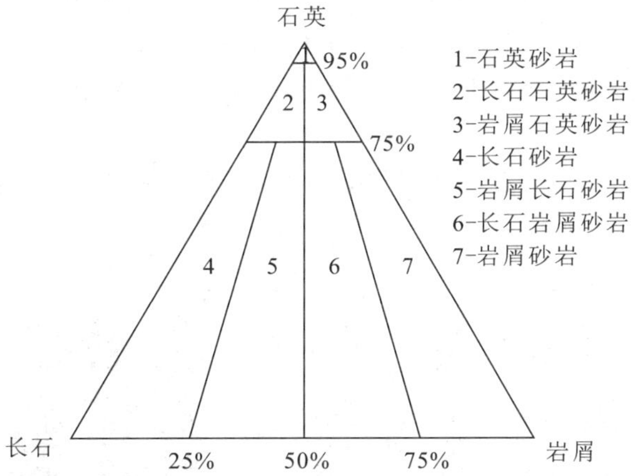


图3-1　砂岩分类图

### (二)碳酸盐岩的岩石成分

碳酸盐岩的组分包括颗粒、泥晶基质、亮晶胶结物和孔隙。常见的颗粒类型包括内碎屑、鲕粒、生物屑、团粒和藻粒等。灰岩的分类是采用颗粒—泥晶基质—亮晶胶结物作为分类参数，得到石灰岩的结构一成因分类（表 3－1）。原生白云岩分类可仿石灰岩的分类原则，绝大多数白云岩属于石灰岩的白云化产物。

**表 3－1　石灰岩分类表**

<table>
<tr><td rowspan="2">颗粒含量（%）</td><td rowspan="2">亮晶和泥晶的相对含量</td><td colspan="5">沉积方式受水动力控制的灰岩</td><td rowspan="2">生物格架灰岩</td><td rowspan="2">化学灰岩</td></tr>
<tr><td>内碎屑</td><td>生物屑</td><td>鲕粒</td><td>团粒</td><td>藻粒</td></tr>
<tr><td rowspan="2">＞50</td><td>亮晶＞泥晶</td><td>亮晶砾（砂）屑灰岩</td><td>亮晶生物屑灰岩</td><td>亮晶鲕粒灰岩</td><td>亮晶团粒灰岩</td><td>亮晶藻粒灰岩</td><td rowspan="7">藻叠层灰岩<br>生物灰岩<br>礁石灰岩</td><td rowspan="7">石灰华-钟乳石<br>钙质层-泥晶灰岩</td></tr>
<tr><td>泥晶＞亮晶</td><td>泥晶砾（砂）屑灰岩</td><td>泥晶生物屑灰岩</td><td>泥晶鲕粒灰岩</td><td>泥晶团粒灰岩</td><td>泥晶藻粒灰岩</td></tr>
<tr><td rowspan="2">50～25</td><td>泥晶＞亮晶</td><td>砾（砂）屑亮-泥晶灰岩</td><td>生物屑亮-泥晶灰岩</td><td>鲕粒亮-泥晶灰岩</td><td>团粒亮-泥晶灰岩</td><td>藻粒亮-泥晶灰岩</td></tr>
<tr><td>泥晶</td><td>砾（砂）屑泥晶灰岩</td><td>生物屑泥晶灰岩</td><td>鲕粒泥晶灰岩</td><td>团粒泥晶灰岩</td><td>藻粒泥晶灰岩</td></tr>
<tr><td>25～5</td><td>泥晶</td><td>含砾（砂）屑泥晶灰岩</td><td>含生物屑泥晶灰岩</td><td>含鲕粒泥晶灰岩</td><td>含团粒泥晶灰岩</td><td>含藻粒泥晶灰岩</td></tr>
<tr><td>＜5</td><td>泥晶</td><td colspan="5">泥晶灰岩</td></tr>
<tr><td>重结晶</td><td></td><td colspan="5">按晶粒大小可分为：粗晶灰岩（＞0.5mm）<br>中晶灰岩（0.5～0.25mm）<br>细晶灰岩（0.25～0.05mm）<br>微细晶灰岩（0.05～0.004mm）</td></tr>
</table>

（三）储集岩岩石结构分析

粒度：一种是自然级别标准，一种是 $\Phi$ 值标准，$\Phi=-\log_2 d$（$d$ 为自然级别粒径）

分选：颗粒大小的均匀程度与搬运距离和介质能力强弱有关。主要颗粒含量大于 75%，颗粒分选均匀，称为分选好；主要颗粒含量在 50%～75%为分选中等；如果没有一种颗粒大于 50%，大小混杂，则为分选差。判断分选好坏还有一个定量参数，即分选系数。

分选系数：颗粒粒径累计曲线上 25%粒径与 75%的粒径之比（或平方根之比），比值越接近于 1，说明颗粒分选越好。

磨圆度：碎屑颗粒的棱和角被磨蚀圆化的程度，一般分为以下 5 种级别（图 3－2）。

颗粒的粒度、分选和磨圆都是水动力条件的直接反应，可以用于沉积环境的初步判断。

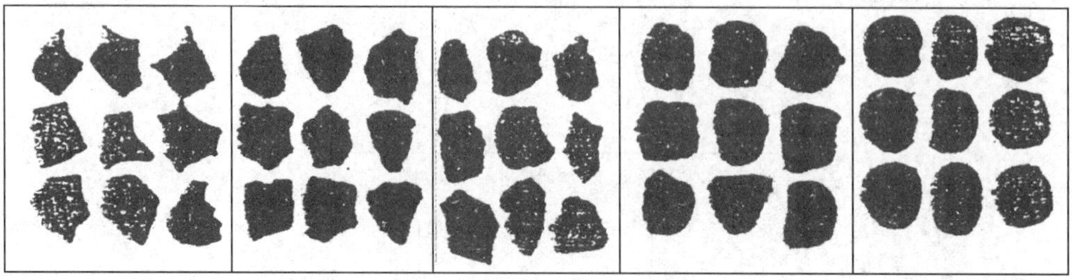

棱角　次棱　次圆　圆　极圆

图 3－2　碎屑颗粒磨圆度级别

（四）储集岩孔隙结构特征

储集层的孔隙结构是指岩石所具有的孔隙和喉道的几何形状、大小、分布及其连通关系。岩石的孔隙系统由孔隙和喉道两部分组成。孔隙为系统中的膨大部分，连通孔隙的细小部分称为喉道。碎屑岩储集层的储集空间以孔隙和裂缝为主（表 3－2），碳酸盐岩储集层以孔、洞为主要储集空间，裂缝为主要渗滤通道，也是储集空间（表 3－3）。

**表 3－2　碎屑岩储集空间类型表**

| 类 | 亚类 | | | 空间大小（mm） |
|---|---|---|---|---|
| 孔 | 原生 | 粒间孔 | | ≤2 |
| | | 粒内孔 | | |
| | | 微孔 | | |
| | 次生 | 粒内溶孔 | | |
| | | 粒间溶孔 | | |
| | | 颗粒溶孔 | | |
| | | 超大孔 | | |
| | | 铸模孔 | 粒模孔 | |
| | | | 晶模孔 | |
| | | | 生物模孔 | |
| | | 晶间孔 | | |
| | | 收缩孔 | | |
| 洞 | 次生 | 溶洞 | | ＞2 |
| 缝 | 原生 | 层间缝 | | － |
| | 次生 | 成岩缝 | | |
| | | 构造缝 | | |
| | | 溶蚀缝 | | |

**表 3－3　碳酸盐岩储集空间类型表**

| 类 | 亚类 | | | 空间大小(mm) |
|---|---|---|---|---|
| 孔 | 原生 | 粒间孔 | | ＜2 |
| | | 粒内孔 | | |
| | | 生物孔 | | |
| | | 生物钻孔 | | |
| | | 晶间孔 | | |
| | | 鸟眼孔 | | |
| | 溶孔 | 粒内溶孔 | | |
| | | 粒间溶孔 | | |
| | | 铸模孔 | 粒模孔 | |
| | | | 晶模孔 | |
| | | 晶间溶孔 | | |
| | | 晶内溶孔 | | |
| | | 非组构溶孔 | | |
| 洞 | 溶洞 | 溶洞 | | ≥2 |

## 三、实习内容和作业

### （一）碎屑岩储集层的岩石成分观察

根据各碎屑颗粒的典型特征，在镜下能够识别石英、长石和岩屑并目测它们在薄片中的含量。结合砂岩分类图，根据作业表 3－1 中的数据进行砂岩命名，将结果记录在作业表 3－1 最后一列中。

**作业表 3－1　碎屑岩储集层的储集性能及有关参数**

| 沉积环境 | 碎屑(%) | | | 填隙物(%) | 粒度中值($Md$) | 分选系数 | 有效孔隙度(%) | 渗透率($\times10^{-3}\mu m^2$) | 岩石类型 |
|---|---|---|---|---|---|---|---|---|---|
| | 石英 | 长石 | 岩屑 | | | | | | |
| 砾石心滩 | 38.05 | 30.81 | 21.74 | 9.4 | 30 | 5.2 | 14.6 | 36 | |
| | | | | | 34.1 | 4.5 | 14.25 | 35 | |
| 砾石心滩 | 31.6 | 12.6 | 50.5 | 5.3 | 0.277 | 3.72 | 13 | 79.8 | |
| 缓流心滩 | 38.98 | 24.82 | 18.36 | 5.24 | 30 | 5.2 | 14.6 | 36 | |
| | | | | | 34.1 | 4.5 | 14.25 | 35 | |
| 分支河道 | 68.8 | 2.6 | 26 | 2.6 | 0.247 | 1.99 | 14.8 | 71.3 | |
| 河道砂坝 | 75.5 | 2.3 | 17.6 | 4.6 | 0.149 | 2.83 | 12.7 | 98 | |
| 边滩 | 44.58 | 22.8 | 16.61 | 16.01 | 0.176 | 2.3 | 13 | 98.3 | |
| 边滩 | 84 | 4.8 | 10.2 | 1 | 0.092 | 1.83 | 16 | 228 | |
| 分流河道 | 46.99 | 23.31 | 12.95 | 16.75 | 0.108 | 2.4 | 15 | 98 | |
| 分流河道 | 56 | 30 | 4 | 10 | 0.109 | 1.56 | 10.2 | 49.5 | |
| 分流河道 | 60 | 30 | 6 | 4 | 0.109 | 1.69 | 16 | 45.5 | |
| 河口坝 | 52.98 | 24.15 | 8.99 | 13.88 | 0.162 | 2.5 | 15 | 24.2 | |
| 河口坝 | 32 | 38 | 9 | 21 | 0.173 | 1.85 | 8.8 | 0.101 | |
| 远砂坝 | 42.02 | 14.6 | 6.74 | 36.64 | 0.072 | 3.2 | 10.5 | 9.5 | |
| 远砂坝 | 20 | 46 | 8 | 26 | 0.139 | 1.35 | 6.4 | 35.3 | |
| 远砂坝 | 40 | 37 | 6 | 17 | 0.121 | 2.09 | 8.5 | 32.5 | |
| 天然堤 | 35.51 | 16.31 | 9.14 | 39.04 | 0.056 | 4 | 8.3 | 9.8 | |
| 天然堤 | 34 | 29 | 10 | 27 | 0.061 | 1.9 | 6.3 | 9.5 | |
| 天然堤 | 43 | 25 | 8 | 24 | 0.101 | 1.8 | 7.8 | 28.1 | |
| 湖滩 | 48.84 | 22.74 | 8.57 | 19.85 | 0.085 | 3.1 | 12.7 | 43 | |

砂岩中胶结物成分主要包括碳酸盐、粘土、铁质以及二氧化硅，根据各岩石的基本特征识别砂岩中胶结物的成分和胶结类型。

观察碳酸盐岩中胶结物的成分和胶结类型。

### （二）储集岩的岩石结构观察

通过显微镜观察砂岩碎屑颗粒的粒度、分选、磨圆，分析其与水动力环境的关系。

### （三）储集岩的孔隙结构观察

观察砂岩和碳酸盐储集岩的孔隙类型、孔隙直径大小、连通情况、喉道大小和类型以及薄片面孔率的估计，注意原生孔隙和次生孔隙的本质特征。

### （四）岩石成分和结构对物性的影响

根据作业表 3－1 提供的数据，完成填隙物含量与有效孔隙度和渗透率的关系图（作业图

3－1、作业图 3－2)，其中填隙物含量和有效孔隙度用算术坐标轴，渗透率用对数坐标轴。

根据作业表 3－1 提供的数据，在单对数坐标纸上完成渗透率与有效孔隙度、渗透率与分选系数、粒度中值与有效孔隙度的关系图(作业图 3－3 至作业图 3－6)，在双对数坐标纸上完成渗透率与粒度中值的关系图，其中渗透率、粒度中值用对数坐标轴，有效孔隙度、分选系数用算数坐标轴。

根据作业表 3－2 提供的数据，完成碳酸盐岩不同岩性的孔隙度与渗透率的关系图(作业图 3－7)，并分析岩性对储集层孔渗性的影响。

将以上关系图的分析结果填入作业表 3－3。

**作业表 3－2　碳酸盐岩岩石类型与物性数据表**

| 岩性 | 有效孔隙度(%) | 渗透率($10^{-3}\mu m^2$) |
|---|---|---|
| 灰色含生屑泥晶灰岩 | 0.64 | 0.02 |
| 灰色含生屑泥晶灰岩 | 0.4 | 0.054 |
| 灰色含生屑泥晶灰岩 | 0.52 | 0.024 |
| 灰色含生屑泥晶灰岩 | 0.65 | 0.026 |
| 灰色含生屑泥晶灰岩 | 0.49 | 0.028 |
| 灰色泥晶灰岩 | 0.82 | 0.061 |
| 灰色泥晶灰岩 | 0.53 | 0.022 |
| 灰色泥晶灰岩 | 0.49 | 0.018 |
| 灰色泥晶灰岩 | 0.49 | 0.033 |
| 灰色泥晶灰岩 | 0.58 | 0.051 |
| 亮晶鲕粒灰岩 | 1.3 | 7.73 |
| 亮晶鲕粒灰岩 | 1.4 | 7.82 |
| 亮晶鲕粒灰岩 | 2.40 | 1.12 |
| 亮晶鲕粒灰岩 | 1.50 | 0.97 |
| 亮晶鲕粒灰岩 | 2.00 | 1.12 |
| 内碎屑粉晶云质(化)灰岩 | 1.2 | 0.015 |
| 内碎屑粉晶云质(化)灰岩 | 1 | 0.169 |
| 亮晶砂屑云质(化)灰岩 | 2.1 | 0.11 |
| 浅灰色泥晶云岩 | 2.50 | 17.50 |
| 浅灰色泥晶云岩 | 2.50 | 13.07 |
| 浅灰色泥晶云岩 | 4.4 | 7 |
| 浅灰色泥晶云岩 | 4.5 | 14.93 |
| 浅灰色泥晶云岩 | 2.10 | 35.40 |

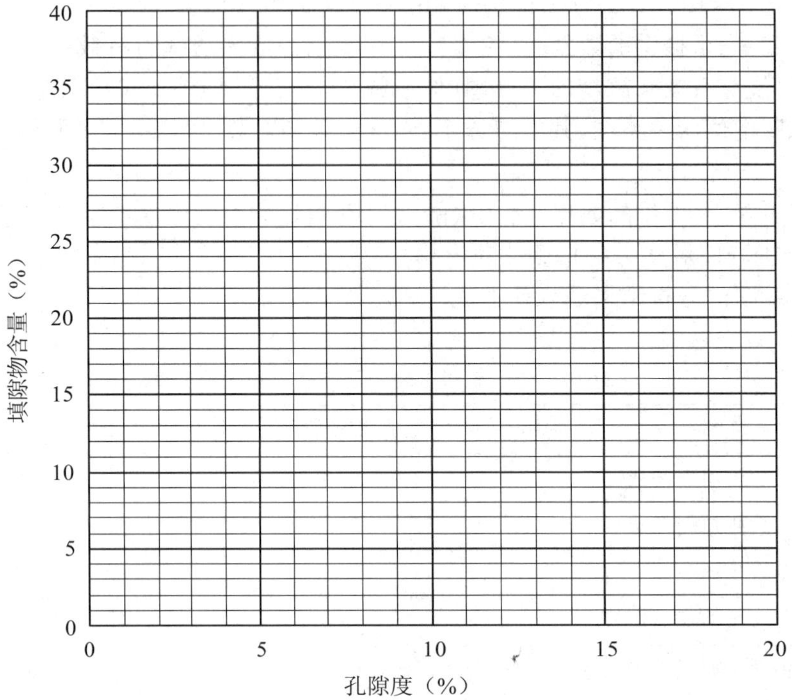


作业图 3-1　孔隙度与填隙物关系图

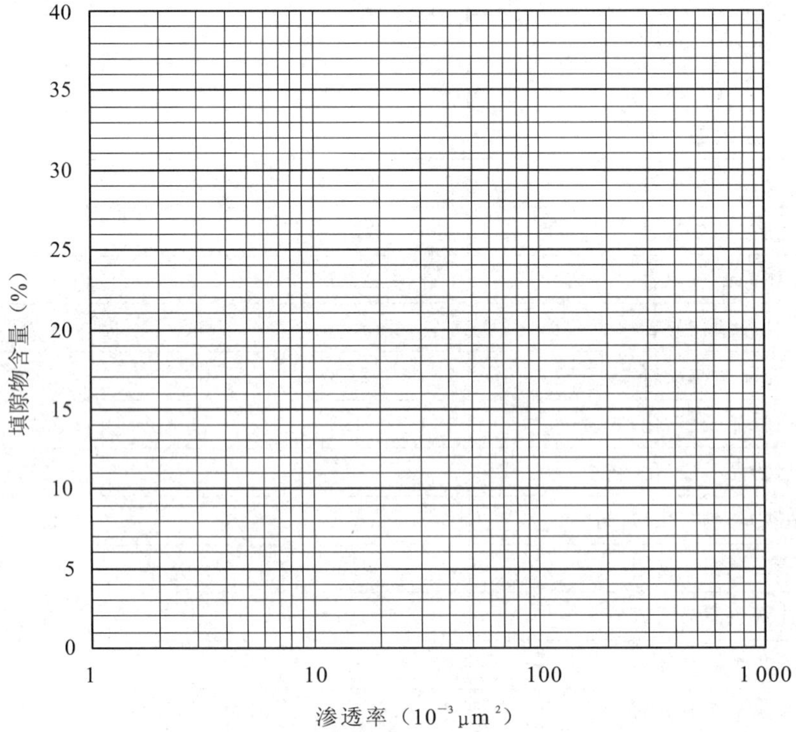


作业图 3-2　渗透率与填隙物含量关系图

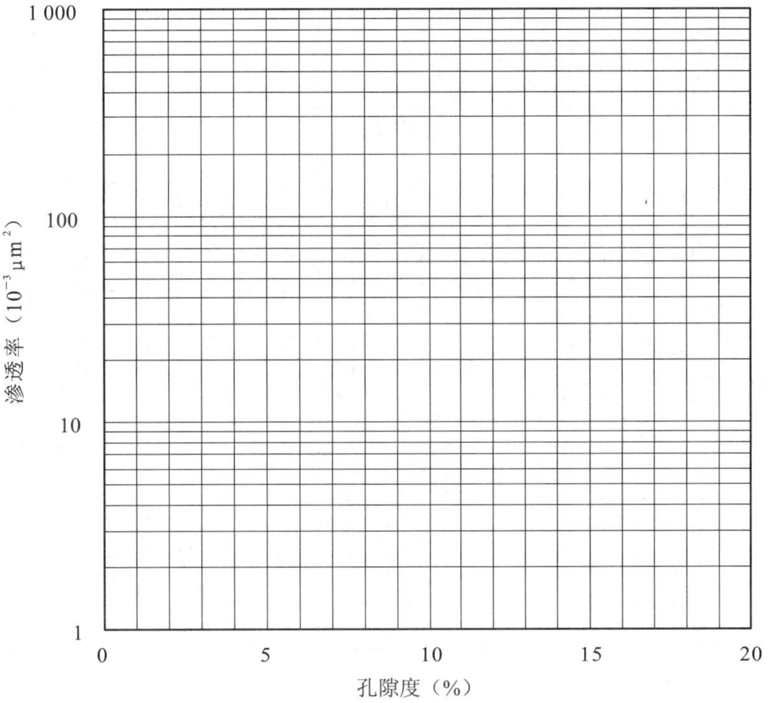


作业图 3-3　孔隙度与渗透率关系图

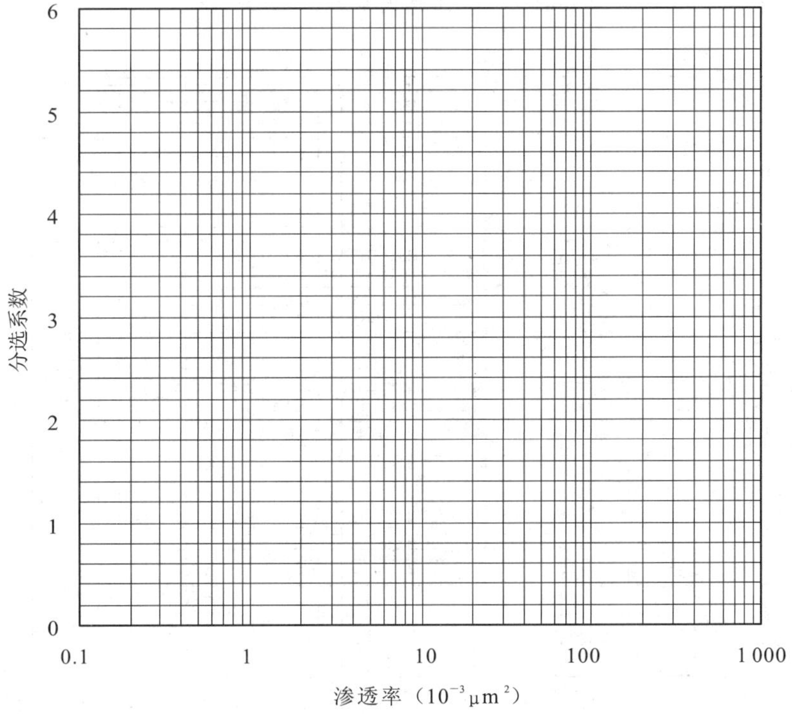


作业图 3-4　渗透率与分选系数关系图

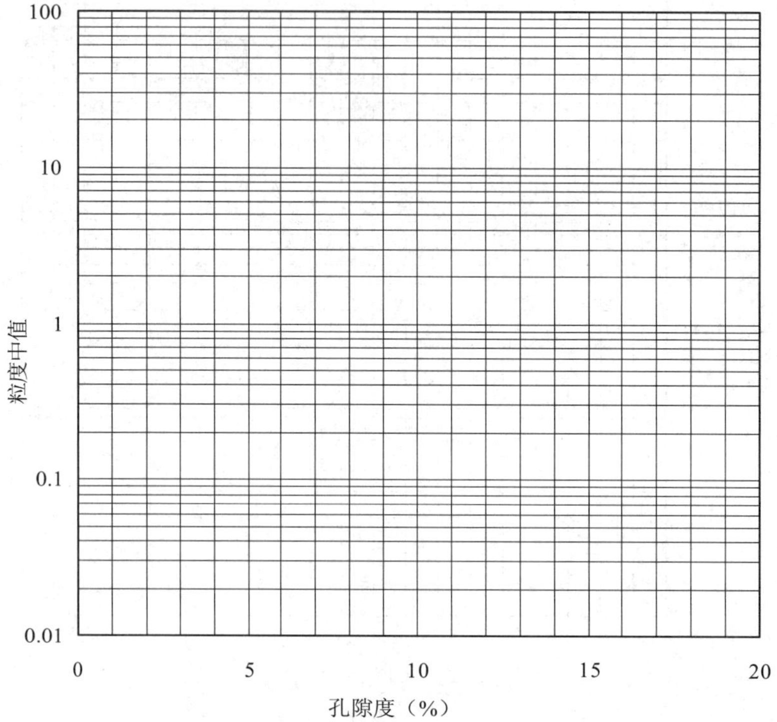


作业图 3－5　孔隙度与粒度中值关系图

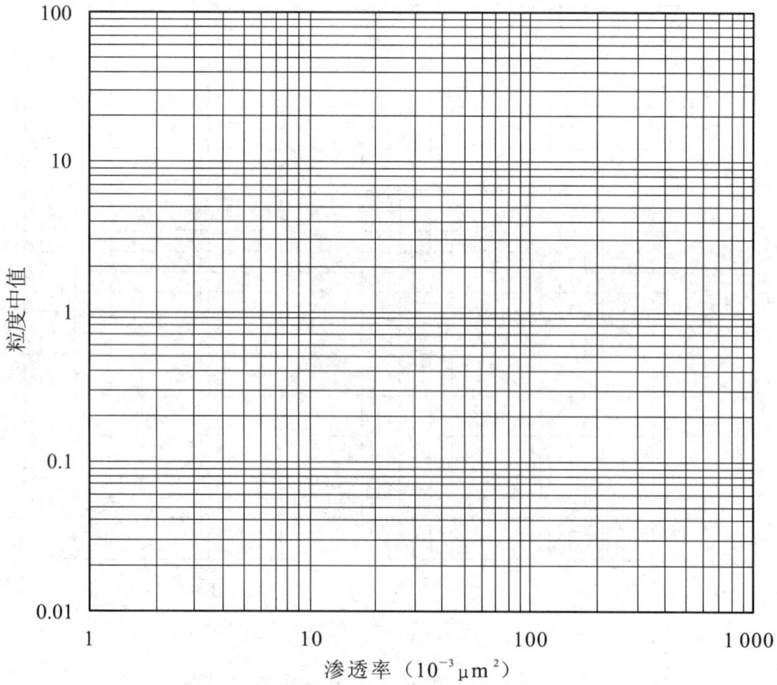


作业图 3－6　渗透率与粒度中值关系图

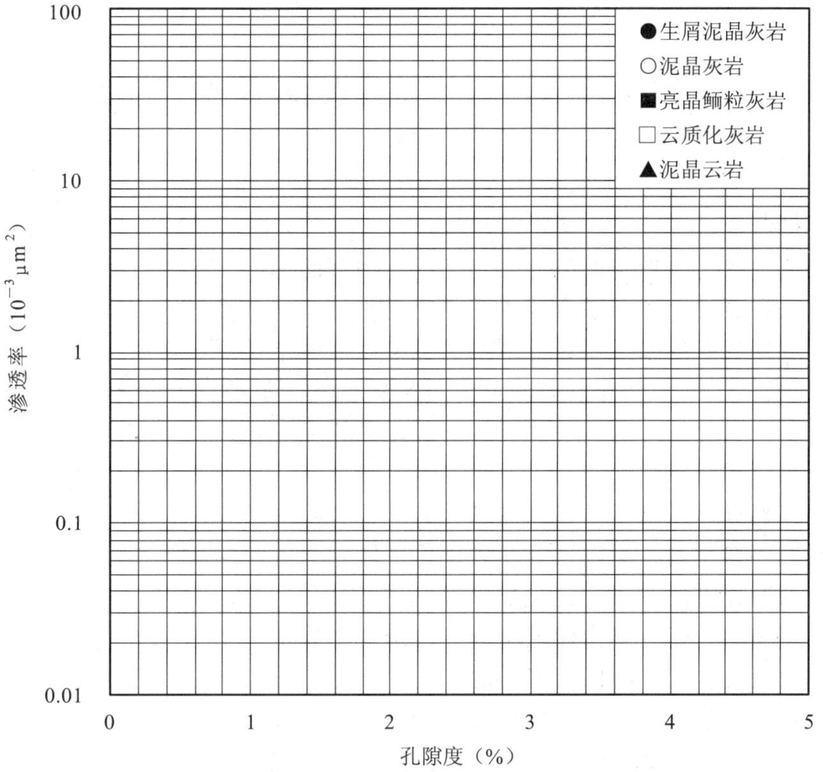


作业图 3-7　碳酸盐岩不同岩性孔隙度与渗透率关系图

**作业表 3-3　碎屑岩和碳酸盐岩储层储集空间特征对比及沉积作用对物性的影响分析小结**

| 项　　目 | 内　　容 | 碎屑岩 | 碳酸盐岩 |
|---|---|---|---|
| 孔隙结构特征对比 | 孔隙类型 | | |
| | 孔隙分布形态 | | |
| | 孔隙度与渗透率关系 | | |
| 沉积作用对物性的影响 | 杂基对孔渗的影响 | | |
| | 胶结物对孔渗的影响 | | |
| | 颗粒分选对孔渗的影响 | | |
| | 颗粒大小对孔渗的影响 | | |
| | 沉积环境对孔渗的影响 | | |
| | 岩石类型对孔渗的影响 | | |

## 四、思考题

1. 为什么中一细砂岩储集层的储集物性一般较好？
2. 砂岩颗粒的磨圆、分选和粒度如何影响储集物性，它们之间的关系如何？
3. 孔隙结构主要有几种研究方法？
4. 阴极发光技术在储集层岩石学研究中的主要作用有哪些？

# 实习 4　圈闭和油气藏度量及类型识别

## 一、实习目的

圈闭可一般理解为储集层中能够聚集并保存油气的场所。圈闭可从本质上理解为储集层中被油气高势区和非渗性遮挡联合或单独封闭的相对油气低势区。

圈闭是形成油气藏的基本要素。圈闭的类型及形成条件不仅对油气藏形成起着决定性的作用，而且对油气田的勘探和开发亦有重大的实际意义。不同类型圈闭和油气藏所采用的勘探方法及部署不同，开发方案也不同。因此，正确地判断圈闭和油气藏类型，在油气地质研究和勘探工作中十分重要。

圈闭的类型划分是以圈闭的成因为依据，在大类划分的基础上，进一步根据圈闭形成的基本要素即储集层的变化和特点以及封闭条件的不同划分圈闭的次级类型。储集层的封闭因素一般包括储层顶面上方的非渗透性盖层、储层上倾方向的非渗透性遮挡、储层底面下方的非渗透性岩层和高势面的封闭。其中储层上方非渗透性封闭和上倾方向遮挡条件最为重要，是决定圈闭性质和次级类型的重要因素，而储层底面下方非渗透岩层和下倾方向高势面的封闭是起从属和配合作用的辅助因素。圈闭亚类和细分类是以起主导作用的封闭及遮挡条件和储集层的变化及特征为依据而划分的。按成因将圈闭分为构造、地层、水动力和复合圈闭四大类，各大类按主导封闭因素和储集层特点共划分出 14 个亚类，并进一步给出细分类。在没有说明是否有水动力影响时，默认为静水条件。

圈闭的度量主要包括确定溢出点、确定闭合高、确定闭合面积、确定圈闭的储集空间；油气藏的度量包括油（气）柱高度、含油（气）边界和含油（气）面积、气顶和油环面积。

本次实习的主要目的是通过所给的储集层顶面或盖层底面的构造图、储集层以及油气水分布情况，确定圈闭和油气藏在平面图上的特点，并根据要求绘制剖面图。

## 二、实习内容和步骤及作业

（1）阅读作业图 4－1 至作业图 4－7 构造等高线及储层分布图。在平面图上标出溢出点位置（用字母 S 表示），圈定闭合面积，计算闭合高度，确定圈闭及油气藏类型，并将计算结果写在图下方指定位置处。

（2）结合储集层以及油气水分布情况，绘制给定剖面线的圈闭和油气藏剖面图 5 个。读作业图 4－1，绘制某油层顶面 D — E 剖面图（纵比例尺 1∶4 000）；读作业图 4－2，绘制某油层 E — F 剖面线横剖面图（纵比例尺 1∶4 000）；读作业图 4－3，绘制某区地层 A — B 剖面线横剖面图（纵比例尺1∶4 000）；读作业图 4－4，绘制某区砂层 P — Q 剖面线横剖面图（纵比例尺 1∶5 000）；读作业图 4－7，绘制某油层 G — H 剖面线横剖面图（纵比例尺 1∶2 000）。

（3）对照平面和剖面图建立立体概念，掌握并牢记不同类型圈闭和油气藏在平面和剖面上的图示。

## 三、实习用品

方格纸、铅笔、直尺、橡皮。

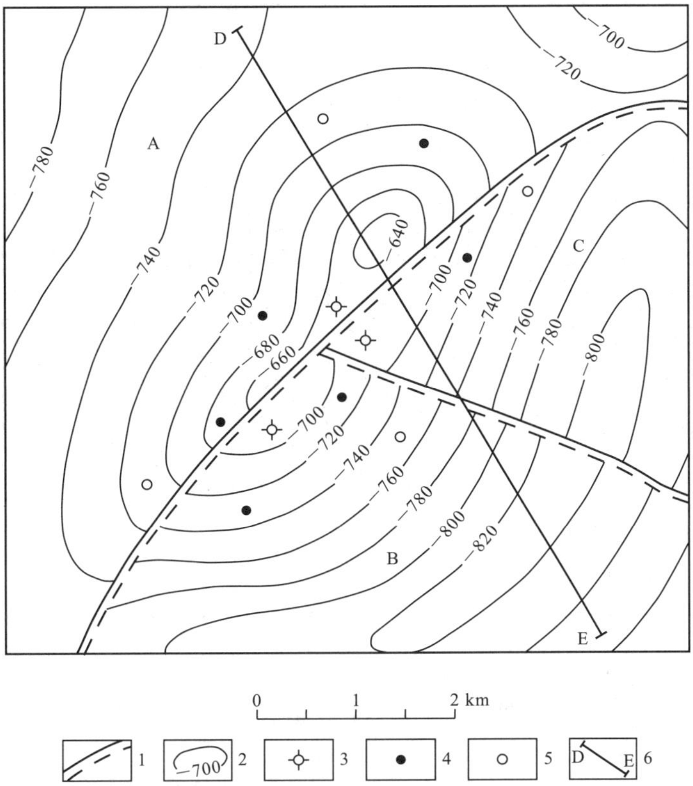


作业图 4-1　某油层顶面构造图

1-正断层；2-油层顶面等高线(m)；3-产气井；4-产油井；5-产水井；6-剖面线

A 区：油气藏类型：__________；闭合度：$h=$______；油柱高度：$h_o=$______；气柱高度：$h_g=$______

B 区：油气藏类型：__________；闭合度：$h=$______；油柱高度：$h_o=$______；气柱高度：$h_g=$______

C 区：油气藏类型：__________；闭合度：$h=$______；油柱高度：$h_o=$______；气柱高度：$h_g=$______

某油层顶面 D—E 剖面图(纵比例尺 1∶4 000)

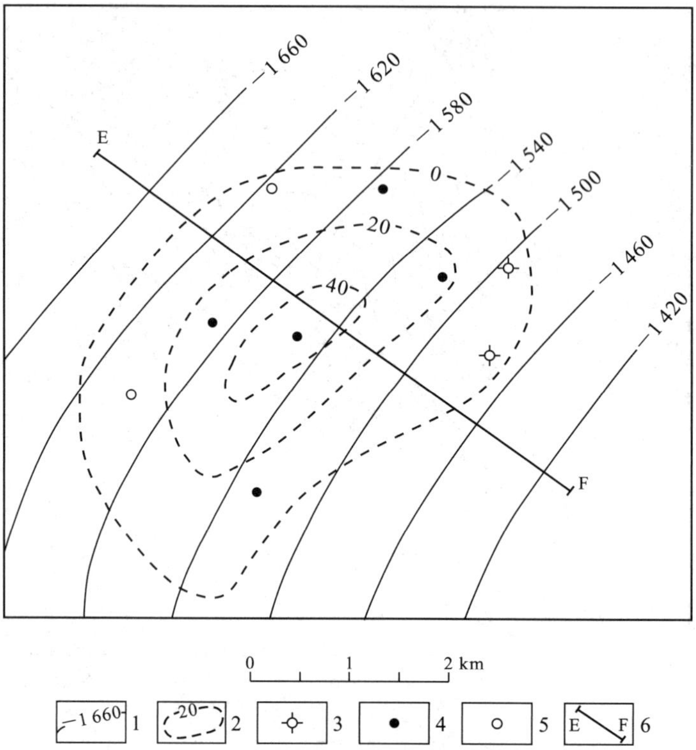


作业图 4 - 2　某地层底面构造图及其下伏油层等厚图

1 -某地层地面等高线(m);2 -储层等厚线(m);3 -产气井;4 -产油井;5 -产水井;6 -剖面线

油气藏类型:________;闭合度:$h=$______;油柱高度:$h_o=$______;气柱高度:$h_g=$______

某油层 E — F 剖面线横剖面图(纵比例尺 1∶4 000)

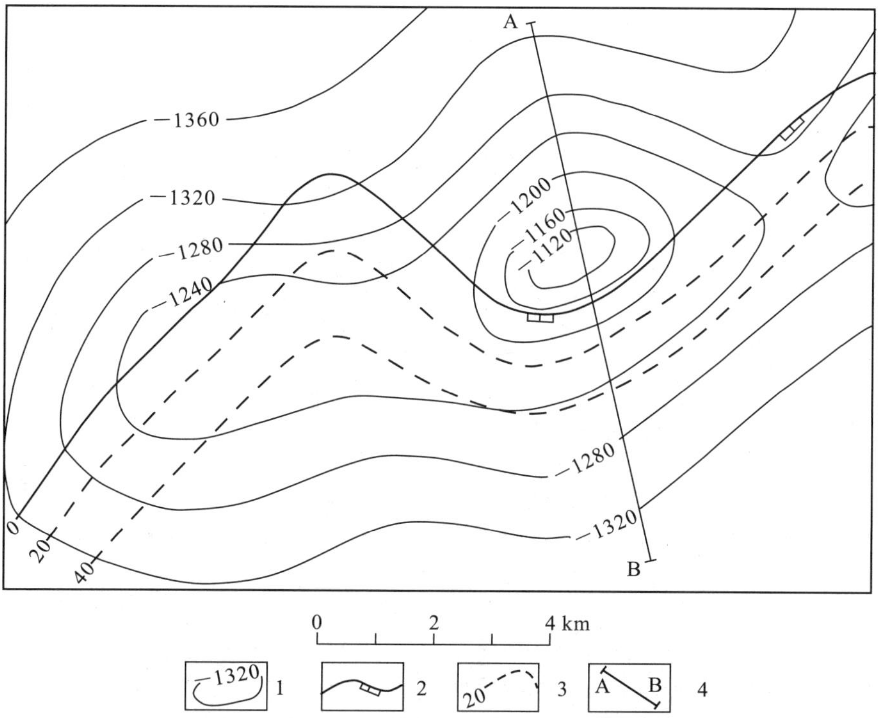


作业图 4-3　某区地层顶面构造及砂层等厚图

1-砂层所在地层顶面等高线(m);2-砂层尖灭线;3-砂层等厚线(m);4-剖面线

某区地层 A—B 剖面线横剖面图(纵比例尺 1∶4 000)

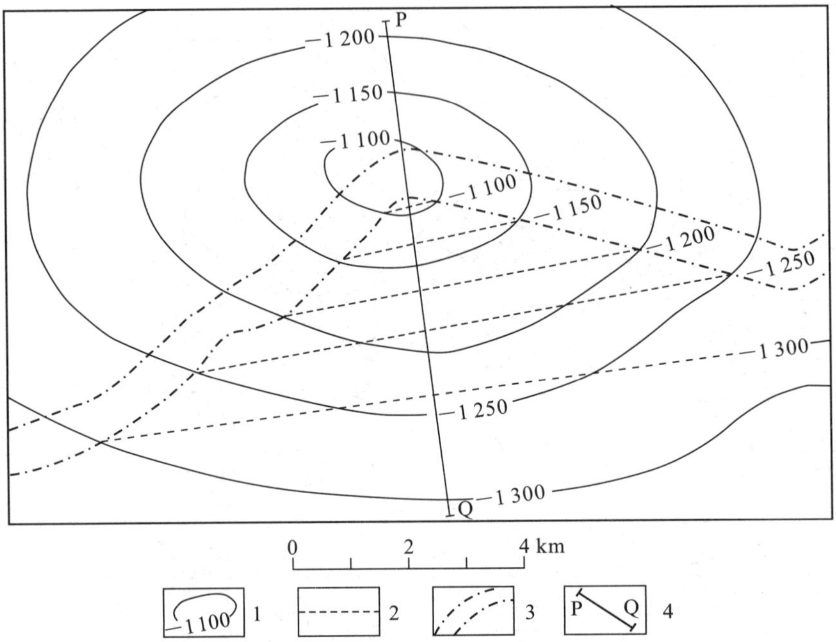


作业图 4－4　某区砂层构造图及不整合面等高线图

1－不整合面等高线(m)；2－某砂层顶面等高线(m)；3－某砂层侵蚀终止线；4－剖面线

某区砂层 P—Q 剖面线横剖面图(纵比例尺:1∶5 000)

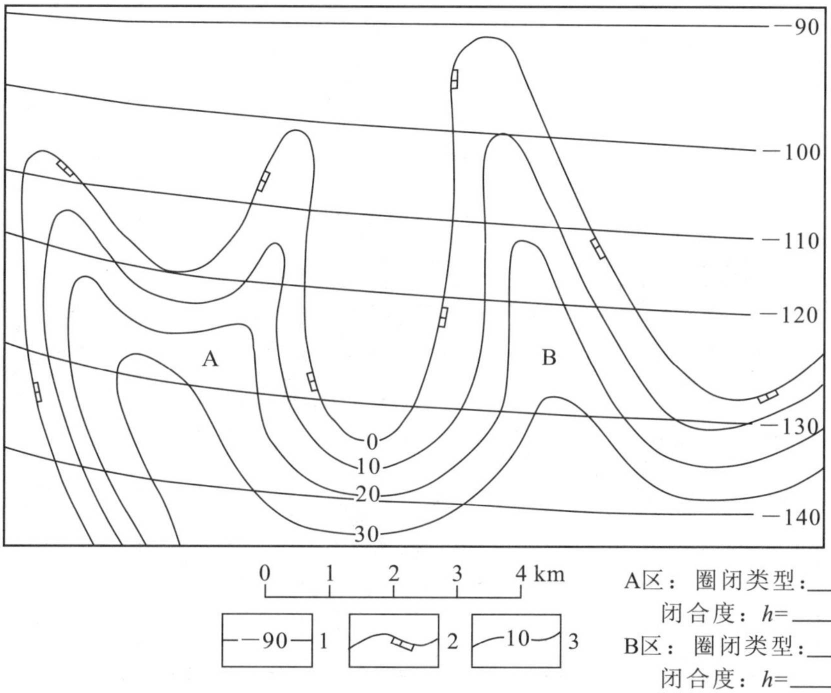


A区：圈闭类型：__________

闭合度：$h$=______m

B区：圈闭类型：__________

闭合度：$h$=______m

作业图 4-5　某区地层顶面构造图及砂层等厚图

1-地层顶面等高线(m)；2-砂层尖灭线；3-砂层等厚线(m)

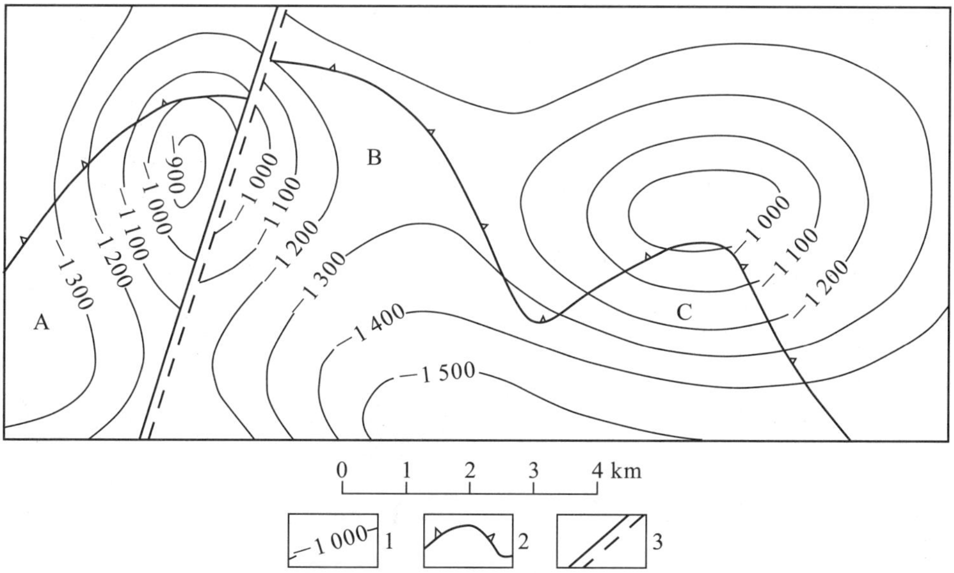


作业图 4-6　某地层顶面构造和砂层分布图

1-某地层面构造等高线(m)；2-砂层尖灭线；3-正断层

A 区：圈闭类型：________；闭合度：$h$=______；B 区：圈闭类型：__________；

闭合度：$h$=______；C 区：圈闭类型：__________；闭合度：$h$=______m

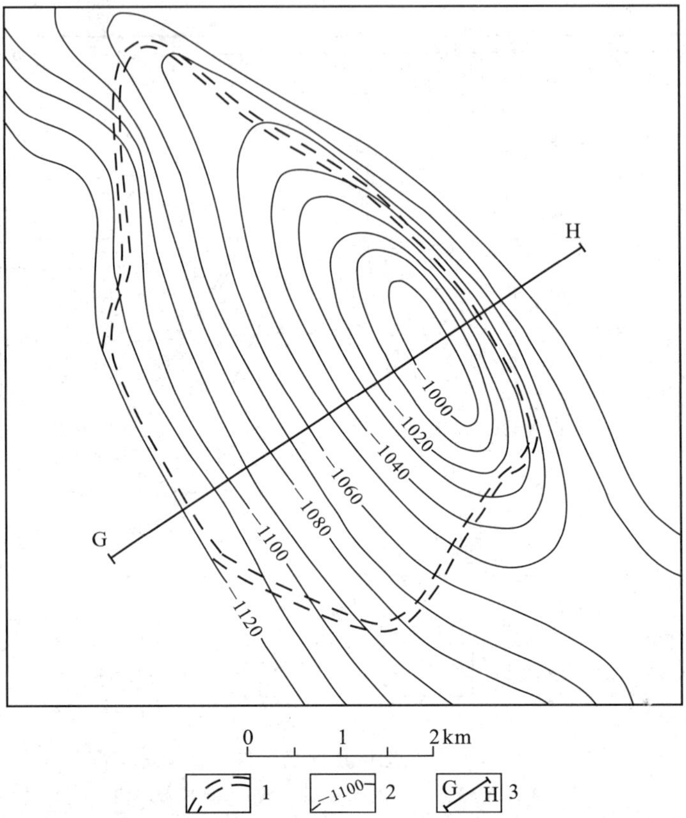


作业图 4－7　某油田砂层顶面构造及油藏分布图(设砂层厚 20m)

1－油水界线;2－砂层顶面高线(m);3－剖面线

某油层 G — H 剖面线横剖面图(纵比例尺 1：2 000)

# 实习5　烃源岩手标本观察和烃源岩评价方法

## 一、实习目的

烃源岩也可称气源岩、油源岩或母岩。烃源岩的岩性特征是其最直观的标志,能定性判断烃源岩的生油气能力,而地化特征则能定量评价其生油气潜力。

一个沉积盆地中只有有效烃源岩才能提供工业性的油气聚集。作为有效烃源岩必须具备高的有机质丰度、良好的有机质类型,且有机质已热演化成熟。岩石中有机质数量是油气生成的物质基础,是决定岩石生烃能力的主要因素之一,有机质的成熟度是决定其能否向烃类转化和转化程度的量度,有机质类型不同,其生烃潜力、产物的类型及性质也不同,生油门限和生烃过程也有一定差别。

本次实习的目的是:①通过对不同类型的泥质岩和碳酸盐岩手标本的仔细观察,了解烃源岩的岩性特征;②针对给定的我国某陆相盆地烃源岩地球化学测试分析数据,从有机质数量、有机质类型和有机质成熟度3个方面对烃源岩进行评价,初步掌握烃源岩评价的一般方法。

## 二、相关理论、方法和技术

### (一)烃源岩的岩性特征

烃源岩岩性与沉积有机质和还原环境有密切联系。一般表现为粒细、色暗、富含有机质和微体生物化石,常含原生分散状黄铁矿,偶见原生油苗。常见的烃源岩主要包括泥质岩类和碳酸盐岩类。从岩性特征上讲,暗色泥岩、页岩的有机质丰度高,生烃能力强;生物灰岩其次;泥灰岩、纯灰岩和白云岩差。

### (二)有机质丰度

有机质的丰度是评价烃源岩优劣的一个重要方面,其主要指标为有机碳、氯仿沥青"A"和总烃的百分含量、生烃潜量($S_1+S_2$)等。

(1)有机碳(TOC):基于沉积岩中原始有机质只有部分转化为油气并部分排出的前提,现今测定的残余总有机碳含量(TOC%)基本上可以反映原始有机质丰度。油气成因理论认为:烃源岩中只有很少一部分有机质转化成为油气并排出烃源岩,大部分仍残留在烃源岩中,同时由于碳是有机质中含量大、稳定程度高的元素,所以用残余有机碳来近似地反映烃源岩内的有机质含量。

烃源岩中形成的烃类必须在满足了母岩本身吸附量以后才能被有效地排驱出去,所以作为烃源岩,确定有机碳下限值尤为重要,目前我国陆相泥质烃源岩的有机碳下限值多定为0.3%~0.5%。而碳酸盐岩烃源岩有机碳下限标准仍是学术界争论的热点,其下限值可从0.5%低至0.1%以下,从目前看来,0.4%~0.5%的下限值似乎为更多人所接受。总之,不同地区不同类型的烃源岩的有机质下限值仍然需要根据实际情况进行确定。

(2)氯仿沥青"A"和总烃的百分含量:对岩石进行氯仿抽提可得到氯仿沥青"A"含量,即岩石中可抽提有机质的含量,将抽提物进行色层分离可得到总烃含量。它们可视为石油运移后残留下来的原石油,反映了有机质向石油转化的程度。因此,以有机碳丰度为基础,结合转化系数，就可以将有机质含量很高，但烃转化率并不高的碳质页岩和煤层与好的生油层区分开，好的生油层不仅有机质含量高（>1%），而且又有较高的烃转化率（总烃/有机碳>6%）。

氯仿沥青"A"由饱和烃、芳香烃、胶质和沥青质4个族组分组成。总烃是指氯仿沥青"A"中饱和烃与芳香烃含量之和，其含量越高，说明原油和生油岩的母质类型越好，一般好生油岩总烃含量在50%以上；而胶质+沥青质含量越高，则原油和生油岩母质类型越差。随着烃源岩成熟度的增加，饱和烃和总烃会呈现出增高的趋势，而非烃趋于降低。沉积介质条件如沉积环境的还原性、古水体盐度等，都对烃源岩的族组成有一定程度的影响。

(3)生烃潜量($S_1+S_2$)：岩石热解分析能定量评价生油岩的生烃潜量。所谓生烃潜量就是烃源岩中的有机质在全部热降解完毕后所产生的油气量，即可溶烃($S_1$)+热解烃($S_2$)。通常，生烃潜量($S_1+S_2$)大于5.0为好烃源岩，2.0～5.0为较好烃源岩，0.5～2为较差烃源岩，小于0.5为非烃源岩。一般情况下，生烃潜量随岩石的TOC增高而变大。

另外，有机质的数量还与烃源岩层的厚度和平面展布有关。一般厚度大、平面分布广泛、烃源岩体积大，有机质总量就大。有机碳含量高的地区常常是原始有机质丰富、保存条件好的环境。但考虑到油气的初次运移，烃源岩的厚度也不是愈大愈好，而要有一个合适的排烃厚度以及与砂岩输导层的合理配置，才能有效地排烃，使其固有的油气生成潜能得到充分发挥。一般我们将能生成并能排出烃类的源岩称之为有效烃源岩。

（三）有机质类型

有机质类型常从不溶有机质（干酪根）和可容有机质（沥青）的性质和组成进行评价。前者是有机质类型研究的主体，主要包括干酪根元素分析、光学分析、红外光谱分析以及岩石热解分析等。后者则包括烃源岩氯仿抽提中组分特征、饱和烃气相色谱特征、色谱－质谱分析鉴定的甾类和萜类等生物标志化合物的特征。

(1)干酪根元素：干酪根作为一种高分子缩聚合物，不同于一般纯的有机化合物，没有固定统一的元素组成。用元素分析仪可测得干酪根的元素组成。因为干酪根大部分由C、H、O组成，所以用来解释元素分析结果的图主要是反映这些元素相互结合的变化情况。由于具有不同生烃潜能的不同类型干酪根，其H/C和O/C原子比不同，生烃潜能大的干酪根，H高O低，则H/C高，O/C低；生油潜能小的，H低O高，则H/C低，O/C高。可用干酪根H/C和O/C原子比来绘制范氏图以确定干酪根的类型。我国陆相烃源岩中干酪根类型的划分方案比较通用的是：Ⅰ型为腐泥型，Ⅱ型为混合型即中间型，$Ⅱ_1$型为腐殖腐泥型，$Ⅱ_2$型为腐泥腐殖型，Ⅲ型为腐殖型。另外，还有Ⅳ型为煤质型。

(2)干酪根显微组分：利用显微镜透射光，根据干酪根的透光色、形态及结构特征，可将干酪根划分为镜质组、惰质组、壳质组和腐泥组等显微组分。其中，腐泥组可进一步分为腐泥无定形体、藻类体和腐泥碎屑体；壳质组又可进一步细分为树脂体、孢粉体、木栓质体、角质体、菌孢体、壳质碎屑体和腐殖无定形体7种；镜质体可分为结构镜质体和无结构镜质体两种；惰质组含丝质体。

通过干酪根镜下统计各类显微有机组分含量的百分比，并乘以相应的加权系数（镜质组－75、惰质组－100、壳质组+50和腐泥组+100)，可以求得干酪根的类型指数$TI$值。

当$TI\geqslant 80$，干酪根为Ⅰ型；$TI$在80～40之间，为$Ⅱ_1$型；$TI$在40～0之间，则为$Ⅱ_2$型，$TI<0$则为Ⅲ型。

(3)岩石热解分析：利用烃源岩评价仪(Rock - Eval)直接从岩样中测出所含的吸附烃

($S_1$)、干酪根热解烃($S_2$)和二氧化碳($CO_2$)与水等含氧挥发物以及相应的温度。得出的氢指数($HI$)、氧指数($OI$)、生烃潜力($S_1+S_2$)和最大热解峰温($T_{max}$)等参数可以快速地评价烃源岩,确定有机质类型、生油气潜力及油气转化率。氢指数与H/C原子比、氧指数与O/C原子比之间存在着良好的相关性,可直接绘制范氏图确定有机质的类型。其最大热解峰温($T_{max}$)和氢指数之间也存在相应的对应关系,同样可通过绘制范氏图来确定有机质类型。

(4)可溶沥青分析:主要研究沥青组分中的烃类,特别是生物标志化合物。

氯仿沥青"A"经色层分析可以得到饱和烃、芳香烃、胶质和沥青质。它们的相对含量是生油(气)母质和演化历史的反映。在成熟度不高的有机质中,腐泥型有机质烃类含量高,饱和烃较丰富;相反,腐殖型有机质中富含芳烃、胶质和沥青质。各种组分的相对含量都可用于划分有机质类型。饱和烃气相色谱特征包括主峰碳位置和峰型、碳数范围、姥鲛烷/植烷比值都可反映有机质的来源和形成环境,但基本不适用具有较高成熟度的母岩。

色谱一质谱分析可鉴定甾类和萜类等生物标志化合物的种类和数量,这对判断母质的来源也有重要意义。实习14将主要实习该内容。

(四)有机质的成熟度

常用且较有效的评价有机质成熟度的方法:镜质体反射率($R_o$)法、孢粉和干酪根的颜色法、岩石热解法、可溶有机质的化学法。另外,还可应用多种成熟度标尺等预测方法来估算烃源岩中有机质的成熟度。

(1)镜质体反射率:也称为镜煤反射率($R_o$),它是温度和有效加热时间的函数且具不可逆性。可定义为光线垂直入射时,反射光强度与入射光强度的百分比。镜质体反射率随成熟度而增加,是因为从化学结构看镜质组由缩合芳环束组成,随着成熟度的增加,芳环束逐渐结合成更大更规则的缩合芳香页片,定向有序排列,故引起其反射率升高。干酪根的类型不同其各成熟度阶段$R_o$值也有一定差别,$R_o<0.5\%$为成岩作用阶段,有机质未成熟,$0.5\%\leqslant R_o<1.3\%$为深成作用阶段的成油主带,$1.3\%\leqslant R_o\leqslant 2\%$为深成作用阶段的高成熟凝析油和湿气带,$R_o>2\%$为准变质作用阶段,有机质过成熟,为只产甲烷的干气带。

(2)有机质颜色变化法:有机质的成熟度与颜色变化有一定的对应关系,颜色由浅到深的变化是由于芳核缩聚程度加大,碳化程度提高,对光吸收增强的结果。所以,干酪根的颜色可以作为判别成熟度的标志。在显微镜透射光下,孢子、花粉、藻类和干酪根的颜色,随着成熟度的提高,颜色均由浅变深,由黄色到褐色、黑色。

(3)干酪根的元素原子比:研究干酪根的化学组成来判断其演化阶段是常用的方法。主要方法是元素分析法,其次,电子顺磁共振法和红外光谱法也能提供一些成熟度指标。从有机质演化机理可知,随着温度升高,杂原子的消除和烃类生成使H/C原子比值和O/C原子比值不断下降,据此可进行干酪根演化阶段的划分。

(4)岩石热解法:用热解法可以得到产率指数(转化率)$S_1/S_1+S_2$和最大裂解温度$T_{max}$。随着生油岩不断深埋,经受了更高的温度,生烃量不断增大,$S_1/S_1+S_2$值随之加大,同时由于热稳定性较小的物质已经裂解,残留下来的是热稳定性较高的有机质,造成$T_{max}$不断向高温区位移。可用来确定生油岩的未成熟带、成油带和成气带。此种方法也受干酪根的类型影响。

(5)沥青及烃类的演化指标:有机质转化率的氯仿沥青"A"/有机碳和总烃含量/有机碳是衡量单位有机质产烃量的标准,也是一个成熟度指标。随成熟度增加,烃源岩抽提物中总烃和氯仿沥青"A"的含量逐渐增加。这些比值,在浅处变化不大,到一定深度由低含量增大至最高含量,然后再下降。这正是我们常用以确定门限值、划分演化阶段、建立油气生成模式的基本数据。

由于干酪根热解生成更多的正构烷烃，生物成因的异构烷烃相对含量降低，所以 $Pr/nC_{17}$ 和 $Ph/nC_{18}$ 随成熟度增加而减少。$Pr/nC_{17}$ 和 $Ph/nC_{18}$ 随深度出现明显变化的拐点，表明大量干酪根裂解作用开始。正构烷烃的奇偶优势 OEP(或 CPI)值也随深度增加而逐渐趋于 1.0。

(6)甾萜化合物：甾萜化合物的异构化、芳构化及热裂解是十分有效的成熟度指标。实习 14 将主要实习该内容。

## 三、实习步骤和方法

### (一)手标本观察

通过对烃源岩手标本粒度、颜色及其所含生物化石等岩性特征的观察，了解不同类型烃源岩的岩性特征，定性判断烃源岩的生烃潜力。

### (二)烃源岩定性和定量评价

(1)根据表 5-1 提供的有机碳和氯仿沥青“A”的资料，制作有机碳和氯仿沥青“A”含量百分比柱状图，作业图 5-1、作业图 5-2(横坐标范围标准参见教材表 4-6)，评价有机质的丰度。

(2)根据表 5-2 至表 5-5 提供的干酪根元素分析数据、干酪根显微组分数据、岩石热解分析数据和饱和烃气相色谱分析数据，制作范氏干酪根元素类型划分图(作业图 5-3、作业图 5-4)，划分和评价烃源岩的有机质类型，分析物质来源与沉积环境。

(3)根据表 5-6 提供的 $R_o$ 数据、表 5-5 饱和烃气相色谱分析数据、作业图 5-3 和作业图 5-4，对烃源岩的成熟度进行评价。

(4)综合前面的分析结果，对烃源岩进行总体评价。

## 四、实习作业

1. 烃源岩岩性描述及定性评价

______________________________________________

______________________________________________

______________________________________________

2. 有机质丰度评价

表 5-1 烃源岩有机碳和氯仿沥青“A”测试数据

| 井位 | 深度(m) | 层位 | 有机碳 TOC(%) | 氯仿沥青“A”(%) | 井位 | 深度(m) | 层位 | 有机碳 TOC(%) | 氯仿沥青“A”(%) |
|---|---|---|---|---|---|---|---|---|---|
| N65 | 2 125 | H21 | 0.3 | 0.015 8 | N77 | 2 600 | H22 | 1.56 | 0.049 8 |
| N65 | 2 380 | H22 | 0.45 | 0.021 5 | N77 | 2 605 | H22 | 1.35 | 0.051 2 |
| N65 | 2 520 | H22 | 0.36 | 0.055 4 | N61 | 1 585 | H22 | 1.65 | 0.078 3 |
| H12 | 1 720 | H21 | 0.52 | 0.032 7 | N61 | 1 600 | H22 | 2.88 | 0.082 2 |
| H12 | 2 350 | H23 | 0.46 | 0.025 5 | N61 | 1 605 | H22 | 3.89 | 0.129 1 |
| H10 | 2 565 | H22 | 0.58 | 0.031 3 | N44 | 2 045 | H22 | 3.93 | 0.135 4 |
| N34 | 1 605 | H22 | 0.64 | 0.055 2 | N44 | 2 145 | H23 | 2.98 | 0.148 8 |
| D9 | 2 305 | H22 | 0.69 | 0.038 5 | N44 | 2 150 | H23 | 4.3 | 0.143 6 |
| D9 | 2 450 | H23 | 0.97 | 0.053 1 | N44 | 2 155 | H23 | 3.64 | 0.168 3 |
| D10 | 2 805 | H32 | 0.86 | 0.046 2 | N44 | 2 160 | H23 | 3.78 | 0.178 6 |
| N69 | 2 560 | H23 | 0.78 | 0.067 1 | N44 | 2 170 | H23 | 2.97 | 0.168 7 |
| N69 | 2 565 | H23 | 1.39 | 0.048 2 | N44 | 2 175 | H23 | 3.58 | 0.158 9 |
| N69 | 2 600 | H23 | 1.68 | 0.075 6 | | | | | |

根据表 5－1 所给的有机碳和氯仿沥青“A”数据制作有机碳和氯仿沥青“A”含量分布柱状图（作业图 5－1、作业图 5－2），结合表 5－4 来自岩石热解实验的生烃潜量（$S_1+S_2$）数据，描述该段烃源岩的丰度特征为：

______________________________________________

______________________________________________

______________________________________________

______________________________________________

______________________________________________

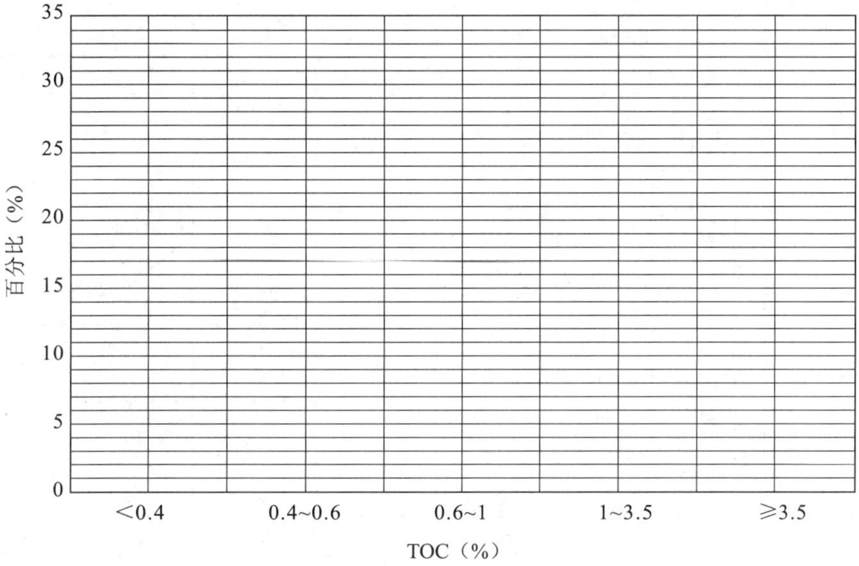


作业图 5－1　有机碳含量分布图

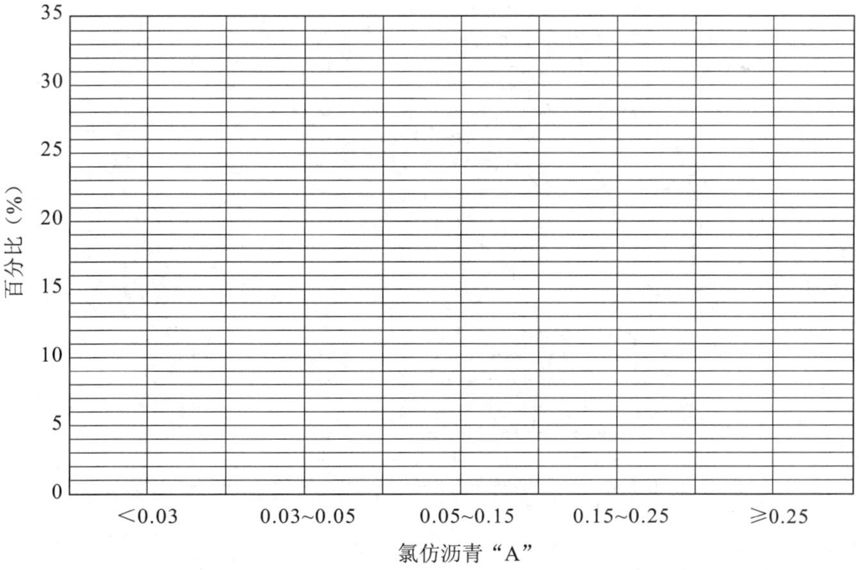


作业图 5－2　氯仿沥青“A”含量分布图

3. 有机质类型评价

(1)根据表 5－2 所给的烃源岩干酪根元素分析数据，将数据投点到作业图 5－3 干酪根元素类型划分图上，显示该段烃源岩的有机质类型为：

______________________________________________

(2)根据表 5－3 所给出的烃源岩干酪根显微组分鉴定数据，计算类型指数，划分干酪根类

**表 5－2　烃源岩干酪根元素分析数据**

| 井号 | 深度(m) | 层位 | 灰分(%) | C(%) | H(%) | O(%) | H/C | O/C | 类型 |
|---|---|---|---|---|---|---|---|---|---|
| H12 | 1 720 | H21 | 20.45 | 54.31 | 2.82 | 10.29 | 0.62 | 0.14 | |
| H12 | 2 350 | H23 | 20.1 | 62.09 | 6.26 | 5.9 | 1.21 | 0.07 | |
| H10 | 2 565 | H22 | 19.33 | 67.61 | 6.05 | 6.9 | 1.07 | 0.08 | |
| D9 | 2 305 | H22 | 19.32 | 61.69 | 5.04 | 11.05 | 0.98 | 0.13 | |
| D9 | 2 450 | H23 | 23.76 | 53.4 | 4.92 | 6.38 | 1.11 | 0.09 | |
| N37 | 2 435 | H23 | 23.99 | 54.86 | 3.7 | 8.23 | 0.81 | 0.11 | |
| N38 | 2 250 | H23 | 23.65 | 57.35 | 4.66 | 8.96 | 0.98 | 0.12 | |
| N44 | 2 185 | H23 | 24.74 | 49.83 | 5.33 | 6.69 | 1.28 | 0.1 | |
| N65 | 2 125 | H21 | 23.45 | 52.08 | 0.17 | 14.4 | 0.64 | 0.12 | |
| N65 | 2 380 | H22 | 23.98 | 51.66 | 5.37 | 5.92 | 1.25 | 0.09 | |
| N69 | 2 560 | H23 | 23.74 | 34.17 | 3.26 | 6.22 | 1.14 | 0.14 | |
| N69 | 2 600 | H23 | 23.99 | 50.14 | 4.76 | 7.54 | 1.14 | 0.11 | |
| N75 | 2 230 | H22 | 17.6 | 63.22 | 7.73 | 5.32 | 1.47 | 0.06 | |
| N77 | 2 600 | H22 | 22.31 | 57.9 | 6.69 | 3.71 | 1.39 | 0.05 | |
| N77 | 2 605 | H22 | 22.59 | 53.89 | 4.02 | 7.58 | 0.9 | 0.11 | |

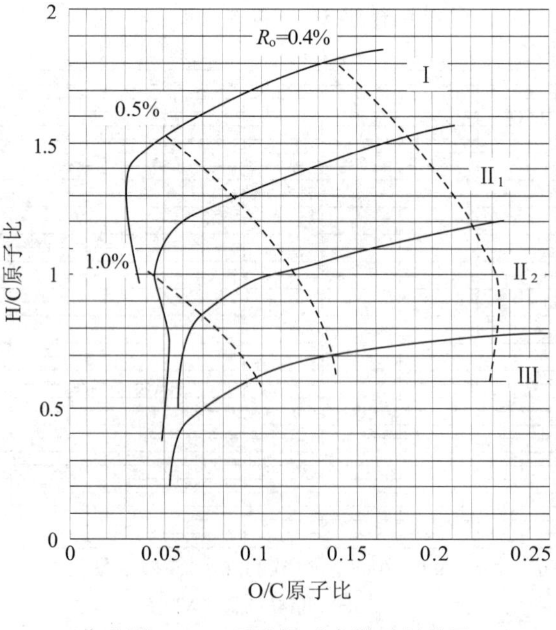


作业图 5－3　干酪根元素类型划分图

型，显示该段烃源岩的有机质类型为：

______________________________

**表 5－3　烃源岩干酪根显微组鉴定数据**

| 井号 | 深度(m) | 层位 | 腐泥组(%) | 壳质组(%) | 镜质组(%) | 惰质组(%) | 类型指数 | 干酪根类型 |
|---|---|---|---|---|---|---|---|---|
| H12 | 1 720 | H21 | 0 | 94.6 | 0 | 5.4 | | |
| H12 | 2 350 | H23 | 0 | 89.4 | 7.2 | 3.4 | | |
| H10 | 2 565 | H22 | 5.2 | 89.3 | 3.4 | 2.1 | | |
| D9 | 2 305 | H22 | 3.2 | 69.6 | 19.6 | 5.1 | | |
| D9 | 2 450 | H23 | 0 | 86.7 | 11.5 | 1.8 | | |
| N38 | 2 250 | H23 | 0 | 87.4 | 12.6 | 0 | | |
| N44 | 2 185 | H23 | 0 | 100 | 0 | 0 | | |
| N65 | 2 380 | H22 | 11.2 | 82.5 | 4.4 | 1.9 | | |
| N69 | 2 560 | H23 | 87.5 | 12.5 | 0 | 0 | | |
| N69 | 2 600 | H23 | 42.3 | 41.4 | 16.3 | 0 | | |
| N75 | 2 230 | H22 | 0 | 92.9 | 7.5 | 0 | | |
| N77 | 2 600 | H22 | 9.5 | 83.3 | 7.2 | 0 | | |

**表 5－4　烃源岩岩石热解实验分析数据**

| 井号 | 深度（m） | 层位 | $S_1+S_2$ (mgHC/gRock) | $T_{max}$ (℃) | TOC (%) | $HI$ (mgHC/gTOC) | $OI$ (mgHC/gTOC) |
|---|---|---|---|---|---|---|---|
| H12 | 2 350 | H23 | 3.27 | 445 | 1.09 | 293 | 36 |
| H10 | 2 560 | H22 | 1.8 | 446 | 0.79 | 220 | 29 |
| D9 | 2 305 | H22 | 0.64 | 441 | 0.54 | 119 | 54 |
| D9 | 2 450 | H23 | 0.83 | 441 | 0.49 | 167 | 47 |
| N34 | 1 605 | H22 | 5.62 | 437 | 1.62 | 345 | 35 |
| N44 | 2 150 | H23 | 4.58 | 445 | 1.16 | 373 | 12 |
| N44 | 2 160 | H23 | 1.97 | 443 | 0.78 | 240 | 33 |
| N44 | 2 170 | H23 | 4.58 | 441 | 1.18 | 371 | 23 |
| N44 | 2 175 | H23 | 6.69 | 448 | 1.49 | 442 | 15 |
| N44 | 2 185 | H23 | 9.56 | 447 | 1.75 | 535 | 13 |
| N44 | 2 190 | H23 | 1.9 | 439 | 0.74 | 251 | 27 |
| N61 | 1 590 | H22 | 16.62 | 444 | 2.48 | 667 | 12 |
| N61 | 1 610 | H22 | 31.81 | 445 | 4.11 | 772 | 5 |
| N65 | 2 380 | H22 | 1.67 | 444 | 0.64 | 255 | 22 |
| N65 | 2 520 | H22 | 2.14 | 446 | 0.58 | 364 | 12 |
| N69 | 2 560 | H23 | 5.69 | 441 | 1.35 | 407 | 19 |
| N69 | 2 565 | H23 | 4.75 | 442 | 1.32 | 355 | 22 |
| N69 | 2 600 | H23 | 6.1 | 448 | 1.38 | 438 | 16 |
| N75 | 2 230 | H22 | 10.22 | 446 | 1.72 | 574 | 8 |
| N77 | 2 600 | H22 | 14.21 | 447 | 2.44 | 579 | 9 |

(3)根据表 5-4 所给出的烃源岩岩石热解实验分析数据，将数据投点到作业图 5-4 中 $HI-T_{max}$ 有机质类型判识图，显示该段烃源岩的有机质类型为：

______________________________________________

______________________________________________

______________________________________________

______________________________________________

______________________________________________

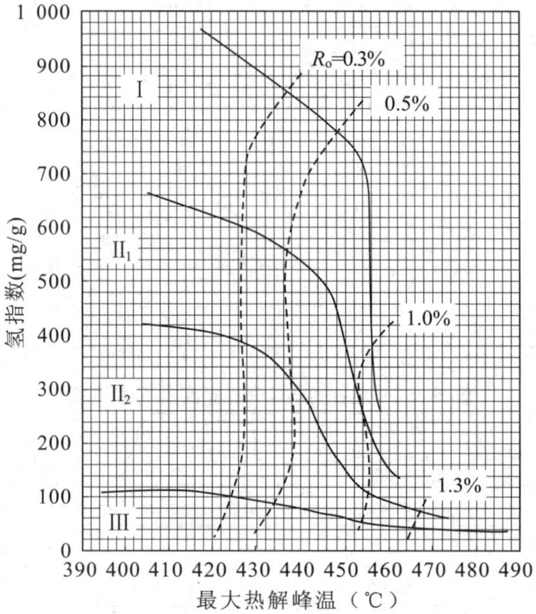


作业图 5-4　氢指数-最大岩石热解峰温有机质类型判识图

(4)姥鲛烷和植烷的相对含量是反映有机质原始保存和其后演化的较好的环境指示，用 Pr/Ph 比值可以指示有机质所处环境是氧化或还原环境。表 5-5 岩石饱和烃气相色谱分析结果显示，Pr/Ph 比小于 1.0 的样品有____个，分布在________～________，反映植烷优势和强还原环境；Pr/Ph 比在 1～3 之间的样品有____个，分布在________～________，反映姥植均势和还原环境；有____个样品 Pr/Ph 比大于 3，分布在________～________，反映姥鲛烷优势和弱氧化一弱还原环境。

$nC_{21}^{-}/nC_{22}^{+}$ 多数小于 1.0，说明低碳数烃含量相对较低，________________来源占有相当的比例。少数样品大于 1.0，来自 $H_{21}$ 段的 2 个样品的 $nC_{21}^{-}/nC_{22}^{+}$ 比值度较高，说明________________来源丰富。

综合上述烃源岩有机质类型评价方法对研究区烃源岩有机质类型的评价结果，该区烃源岩的有机质类型可综合描述为：

______________________________________________

4.有机质成熟度评价

(1)根据表 5-6 所给的烃源岩镜质体反射率($R_o$，%)数据，制作 $R_o$ 随深度变化散点图(作业图 5－5)，显示该段烃源岩的成熟度特征为：

______________________________________________

**表 5－5　岩石饱和烃气相色谱分析参数表**

| 井号 | 深度(m) | 层位 | OEP | Pr /$nC_{17}$ | Ph /$nC_{18}$ | Pr /Ph | $C_{21}^{-}/C_{22}^{+}$ |
|---|---|---|---|---|---|---|---|
| N75 | 2 230 | $H_2^2$ | 1.051 | 0.523 | 0.519 | 0.995 | 0.814 |
| N44 | 2 190 | $H_2^3$ | 1.036 | 0.345 | 0.433 | 0.690 | 0.475 |
| N38 | 2 250 | $H_2^3$ | 1.008 | 0.418 | 0.301 | 1.209 | 0.737 |
| N37 | 2 435 | $H_2^3$ | 1.039 | 0.265 | 0.227 | 1.099 | 1.421 |
| N65 | 2 125 | $H_2^1$ | 0.564 | 0.697 | 0.526 | 0.967 | 6.673 |
| N65 | 2 380 | $H_2^2$ | 1.067 | 0.588 | 0.512 | 1.018 | 0.643 |
| H12 | 1 720 | $H_2^1$ | 1.035 | 0.587 | 0.702 | 1.079 | 4.308 |
| H12 | 2 350 | $H_2^3$ | 1.005 | 0.532 | 0.592 | 0.775 | 0.498 |
| H10 | 2 560 | $H_2^2$ | 1.015 | 0.393 | 0.238 | 1.685 | 0.816 |
| D9 | 2 305 | $H_2^2$ | 0.871 | 1.201 | 0.358 | 3.168 | 1.070 |
| D9 | 2 450 | $H_2^3$ | 1.256 | 0.733 | 0.426 | 1.512 | 0.564 |
| N69 | 2 560 | $H_2^3$ | 0.956 | 0.359 | 0.606 | 0.582 | 0.738 |
| N69 | 2 600 | $H_2^3$ | 1.187 | 1.554 | 1.153 | 1.383 | 0.593 |
| N77 | 2 600 | $H_2^2$ | 1.035 | 0.526 | 0.574 | 0.993 | 0.556 |

**表 5－6　岩石镜质体反射率数据**

| 井号 | 深度(m) | $R_o$(%) | 井号 | 深度(m) | $R_o$(%) |
|---|---|---|---|---|---|
| Z5 | 1 640 | 0.45 | D9 | 2 450 | 0.65 |
| H7 | 1 680 | 0.4 | D10 | 2 800 | 0.75 |
| H7 | 1 745 | 0.45 | N69 | 2 560 | 0.6 |
| H11 | 1 840 | 0.47 | H11 | 2 240 | 0.55 |
| H11 | 1 850 | 0.5 | Z5 | 2 265 | 0.5 |
| H7 | 1 940 | 0.47 | Z15 | 2 400 | 0.54 |
| Z5 | 1 970 | 0.55 | H10 | 2 560 | 0.56 |
| Z5 | 2 065 | 0.5 | Z5 | 2 650 | 0.6 |
| H7 | 2 100 | 0.54 | Z5 | 2 760 | 0.7 |
| Z5 | 2 150 | 0.53 | N44 | 2 190 | 0.5 |
| N65 | 2 125 | 0.6 | N38 | 2 250 | 0.55 |
| N65 | 2 380 | 0.63 | N38 | 2 600 | 0.75 |
| N65 | 2 830 | 0.75 | N37 | 2 435 | 0.7 |
| H10 | 2 560 | 0.63 | N77 | 2 600 | 0.65 |
| D9 | 2 300 | 0.6 | H12 | 1 720 | 0.45 |

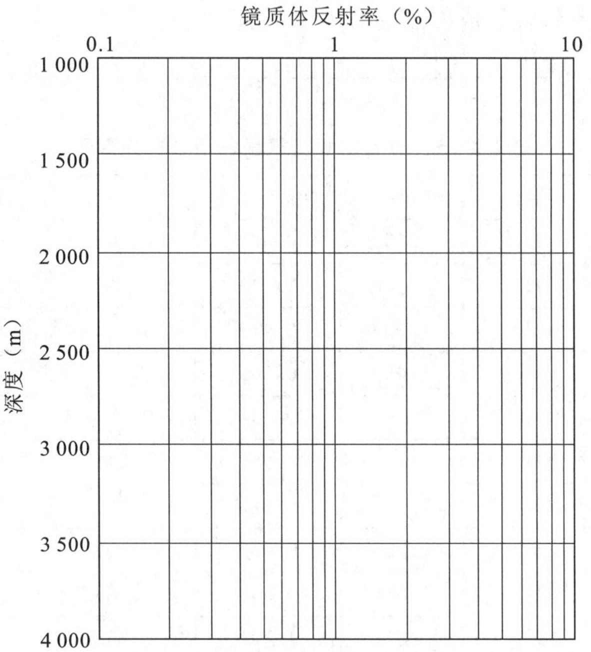


作业图 5-5　镜质体反射率随深度变化散点图

(2)根据表 5-5 所给的 OEP 数据，作业图 5-3 干酪根元素和作业图 5-4 岩石热解反映的成熟度特征，该段烃源岩的成熟度特征为：

______________________________

5.综合前面的分析结论，对烃源岩进行总体评价

______________________________

______________________________

**五、思考题**

1. 决定烃源岩优劣的主要控制因素有哪些？
2. 为何要综合各种方法进行烃源岩评价？
3. 对于整个盆地或凹陷的烃源岩评价，除指导书中提到的，还要综合哪些因素进行分析？

# 实习 6　烃源岩有机质演化曲线及生烃阶段划分

## 一、实习目的

富含有机质的细粒沉积物，随着被埋藏深度和温度的不断增加，其有机质将经历复杂的生物化学和物理化学的变化，并逐步向油气转化。由于不同埋深（深度）范围内促使有机质向烃类转化的营力不同，致使其转化的反应过程和主要产物有显著区别，且具有明显的阶段性。

根据有机质自身性质的变化划分油气生成阶段即沉积有机质的成烃演化阶段，普遍采用的阶段划分方案为：成岩作用阶段、深成作用阶段和准变质作用阶段。相应的又可按油气生成将有机质成烃演化划分为未成熟阶段、成熟阶段和过成熟阶段。镜质体反射率（$R_o$）与有机质的成烃作用和成熟度特征有良好的对应关系。

成岩作用阶段即未成熟阶段从沉积有机质被埋藏开始至门限深度为止，$R_o<0.5\%$；深成作用阶段即成熟阶段是干酪根生成油气的主要阶段，该阶段从有机质演化至门限值开始至生成油气结束为止，$R_o$为 0.5%～2.0%；准变质作用阶段即过成熟阶段烃源岩的埋深大、温度高，$R_o>2.0\%$，又由于在成熟阶段干酪根中的较长烷基链已消耗殆尽，所以生油潜力枯竭，只能在热裂解作用下生成高温甲烷，该阶段也称为热裂解干气阶段。

烃源岩有机质演化曲线的绘制和成烃阶段的划分对含油气盆地油气成因理论的认识和研究、对指导油气勘探、计算生烃量和评价区域含油气远景都十分重要。

本次实习通过某盆地某烃源岩层不同埋深所取样品的地球化学分析数据，运用所学的有机成烃理论和方法，编绘烃源岩有机质随埋深的演化曲线，并进行成烃阶段的划分。

## 二、实习步骤

（1）复习有关有机质成烃演化以及煤岩学方法在油气勘探中的应用等章节的内容。准备实习用的方格纸、三角板、铅笔和橡皮。

（2）阅读表 6－1 所提供的资料，初步了解某烃源岩层各地球化学指标随埋深增加的变化规律。

（3）在方格纸上以深度为纵坐标，各地球化学指标为横坐标。纵坐标：深度 1∶20 000；横坐标：氯仿抽提物/有机碳，总烃/有机碳：1cm＝0.01g/g；CPI 1cm＝0.2；有机碳，$R_o$ 1cm＝0.1%；古地温 1cm＝10℃。在深度轴上标明有机质各主要演化阶段的镜质体反射率（$R_o$%）和古地温（℃）的分界值。

（4）根据所绘的关系曲线，划分有机质成烃演化阶段（未成熟、成熟、过成熟阶段），并对各演化阶段的基本特征用表格加以小结，并将结果填入作业表 6－1 中。

**表 6-1　某盆地生油层不同埋深所取样品的地球化学分析数**

| 样品号 | 深度(m) | 有机碳质量(%) | 氯仿抽提物(g)/有机碳(g) | 烃(g)/有机碳(g) | $C_{24}$—$C_{30}$ 正烷烃 CPI | 镜煤反射率 $R_o$(%) | 古地温(℃) |
|---|---|---|---|---|---|---|---|
| 1 | 775 | 0.89 | 0.041 | 0.017 | 2.38 | 0.34 | 39.95 |
| 2 | 910 | 1.24 | 0.040 | 0.016 | 3.34 | 0.36 | 45.08 |
| 3 | 1 250 | 1.40 | 0.039 | 0.017 | 1.76 | 0.43 | 58.00 |
| 4 | 1 450 | 1.38 | 0.038 | 0.019 | 1.40 | 0.47 | 65.60 |
| 5 | 1 564 | 1.36 | 0.040 | 0.023 | 1.36 | 0.50 | 69.93 |
| 6 | 1 620 | 1.44 | 0.050 | 0.030 | 1.29 | 0.51 | 72.06 |
| 7 | 1 720 | 1.51 | 0.060 | 0.037 | 1.28 | 0.54 | 75.85 |
| 8 | 1 776 | 1.60 | 0.062 | 0.036 | 1.23 | 0.55 | 77.99 |
| 9 | 1 796 | 1.41 | 0.067 | 0.038 | 1.20 | 0.56 | 78.75 |
| 10 | 1 820 | 1.66 | 0.072 | 0.042 | 1.17 | 0.565 | 79.66 |
| 11 | 1 868 | 1.72 | 0.080 | 0.048 | 1.19 | 0.57 | 81.48 |
| 12 | 1 900 | 1.67 | 0.088 | 0.058 | 1.12 | 0.59 | 82.70 |
| 13 | 1 920 | 1.77 | 0.093 | 0.065 | 1.08 | 0.60 | 83.46 |
| 14 | 1 950 | 1.61 | 0.095 | 0.068 | 1.09 | 0.61 | 84.60 |
| 15 | 1 980 | 1.65 | 0.092 | 0.068 | 1.11 | 0.615 | 85.74 |
| 16 | 2 042 | 1.52 | 0.101 | 0.071 | 1.08 | 0.63 | 88.10 |
| 17 | 2 170 | 1.62 | 0.116 | 0.076 | 1.05 | 0.68 | 92.96 |
| 18 | 2 380 | 1.98 | 0.114 | 0.075 | 1.03 | 0.75 | 100.94 |
| 19 | 2 480 | 2.12 | 0.104 | 0.071 | 1.04 | 0.80 | 104.74 |
| 20 | 2 590 | 2.23 | 0.088 | 0.065 | 1.02 | 0.84 | 108.92 |
| 21 | 2 850 | 2.25 | 0.068 | 0.056 | 1.00 | 0.96 | 118.80 |
| 22 | 2 970 | 2.26 | 0.068 | 0.045 | 1.01 | 1.0 | 123.36 |
| 23 | 3 260 | 2.22 | 0.049 | 0.036 | 1.03 | 1.2 | 134.38 |
| 24 | 3 600 | 2.06 | 0.042 | 0.024 | 0.98 | 1.4 | 147.30 |
| 25 | 4 000 | 2.09 | 0.040 | 0.021 | 1.01 | 1.7 | 162.50 |
| 26 | 4 240 | 2.10 | 0.038 | 0.020 | 0.99 | 1.93 | 171.62 |
| 27 | 4 500 | 2.03 | 0.035 | 0.018 | 1.00 | 2.2 | 181.50 |
| 28 | 4 724 | 2.02 | 0.033 | 0.017 | 1.02 | 2.45 | 190.00 |

注：已知地表平均温度10.5℃，古地温梯为3.8℃/100m。

**作业表 6-1　某盆地烃源岩层有机质成烃阶段划分特征分析**

| 演化阶段 | 特　　征 |
|---|---|
| 未成熟阶段 | |
| 成熟阶段 | |
| 过成熟阶段 | |

# 实习7　油气二次运移流体动力学系统及流体势分析

## 一、实习目的

分析输导层中流体势(包括水势、油势和气势)的空间展布特征,对于研究油气二次运移的主要方向、圈定油气聚集的有利部位都具有非常重要的意义。

本实习要求根据图、表所提供的资料,计算某储集层顶面的油势,并编制油势等值线图,据此指出石油二次运移的主要方向和聚集成藏的有利位置。目的是:①掌握流体势分析的一般方法;②深入理解流体势分析在油气运聚研究中的重要作用。

## 二、油气二次运移的流体动力学系统

关于流体在沉积盆地中流动的动力来源,不同学者强调不同的方面。Toth 等(1980)强调重力作用,Magara(1978)强调压实作用,Grauls(1999)强调盆地中的超压作用等。总体来说,成藏动力学系统中促使流体流动主要包括 5 种动力:①来自地下深部的热动力;②盆地沉积作用和成岩作用过程中产生的自源动力;③与地表连通所形成的水动力或重力流作用;④构造动力作用;⑤浮力和毛细管阻力叠加产生的作用力。

深部流体动力学机制是整个系统的基础(图 7-1)。沉积盆地中自源动力是流体成藏动力学系统中油气排出的主要动力。自源动力、重力流、浮力与多孔介质的毛细管阻力、粘土矿物吸附力等相互叠加形成复杂的流体势场。持续的构造动力场作用在整个流体动力学系统中,瞬间的构造动力作用打破某个阶段的盆地流体动力学系统各个部位流体势状态,造成了油气运移再聚集。

所谓油气的二次运移即指油气脱离烃源岩后在储集层或其它渗透性介质中的运移,包括

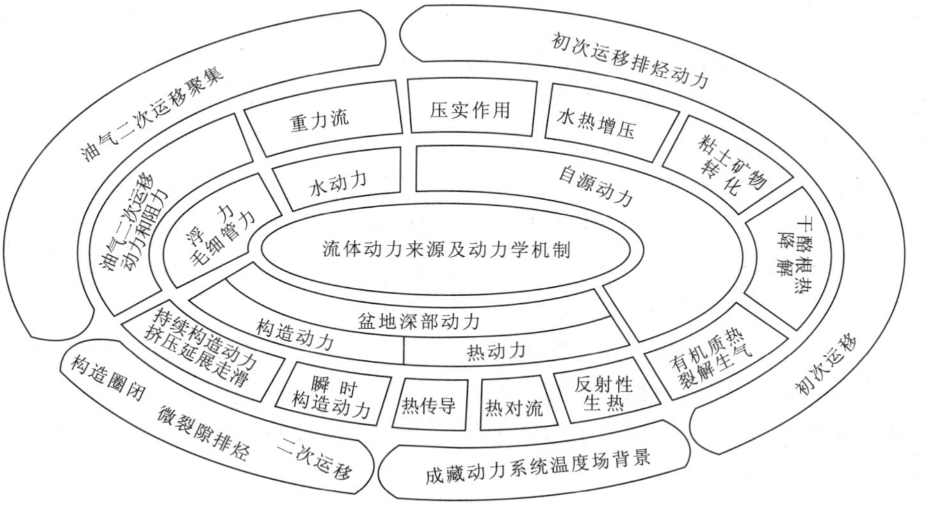


图 7-1　流体动力来源及动力学机制示意图

烃源岩外的所有运移过程。二次运移的环境是孔隙空间、渗透率都较大的渗透性多孔介质，对油气的毛细管压力较小，便于孔隙流体（包括水、油、气）的流动。油气一般以连续游离相进行运移，主要受到浮力、水动力和毛细管力的驱动或阻碍，可以理解为在多孔介质中的渗流作用。综上所述，油气二次运移的流体动力系统基本上就是由重力、水动力、浮力与多孔介质的毛细管阻力等相互叠加形成复杂的流体势场。

### 三、流体势分析的基本原理

流体势的定义有多种，其中以 Hubbert(1940、1953)和 England(1987)的表达式最为重要且应用广泛。Hubbert(1953)全面论述了流体势的概念并用流体势理论深入阐述了地下流体（油、气、水）的运动规律，故一般将流体势又称为 Hubbert 势。他把单位质量的流体所具有的机械能的总和定义为势，数学模型为：

$$\Phi = gz + \int_0^p \frac{dP}{\rho} + \frac{q^2}{2} \tag{7-1}$$

式中，$\Phi$ 为流体势(J/kg)；g 为重力加速度($m/s^2$)；$z$ 为测压点高程（从选定的基准面算起）(m)；$P$ 为孔隙流体压力（地层压力）(Pa)；$\rho$ 为地下流体的密度($kg/m^3$)；$q$ 为流体的流动速度(m/s)。

在 Hubbert 势的定义中，忽略了地层中普遍存在的毛细管力的作用。England(1987)在引用流体势的概念时，考虑了毛细管力对流体运移的影响，将流体势定义为：从基准面传递单位体积流体到研究点所做的功。一般地，促使地下孔隙流体流动的作用力主要有重力、弹性力和表面张力 3 种。由此，计算地下孔隙流体势的表达式为：

$$\Phi = \rho gz + P + \frac{2\sigma\cos\theta}{\gamma} \tag{7-2}$$

式中，$\Phi$ 为流体势($J/m^3$)；$\sigma$ 为烃水界面张力(N/m)；$\theta$ 为润湿角(°)；$\gamma$ 为深度 $z$ 处的岩石孔隙毛管半径(m)；其它参数意义同式(7-1)。

式(7-1)表明，Hubbert 势由位能、压能和动能 3 项机械能组成，由于地下流体流动的速度比较缓慢（如：石油在砂岩中横向运移的平均地下表层速度为 $8\times10^{-10}$ m/s，在页岩中垂向运移的速度则仅为 $4\times10^{-13}$ m/s)，可将其动能忽略不计；显然，与 Hubbert 势有所区别的是，式(7-2)England 势由位能、压能和界面能组成。在饱含水的多孔介质中，油一水和气一水两相界面毛细管力是油气二次运移的阻力。例如粗砂岩一中砂岩一细砂岩的孔隙半径分布在 0.01～2.5μm，在埋深3 000m和地温为 110℃时，油一水两相界面毛细管力约为 0.01～2MPa，气一水两相界面毛细管力是油一水两相界面的 2～3 倍。如果将其换算为油气二次运移的临界净浮力所需的油气柱高度则为几米到几百米。所以，毛细管阻力作用对油气二次运移有重要影响。在流体势研究中，如果 Hubbert 势中的动能和 England 势中的界面能被忽略，则两者在数值上相差一个系数（流体密度，$\rho$）。

综合以上分析可知，处于地下某一空间位置的流体，其流体势大小主要取决于流体压力、高程、流体密度、岩石毛管半径、界面张力、润湿角以及温度等因素。按照 Hubbert 势公式(7-1)，如要研究液态水和油的流体势，则地层空间中某一点的流体势的计算式可简化为式(7-3)：

$$\Phi = gz + \frac{P}{\rho} \tag{7-3}$$

式中各参数意义同上述式(7-1)和式(7-2)。

地层中的流体总是自发地从高势区向低势区流动，也就是说，流体势的减少（负势梯度）方向即为流体运移的方向,封闭的低势区即为流体聚集的位置。流体势分析的主要任务是:①根据地质特征确定势分析的目的层(可以是砂岩储集层、不整合面等);②求取目的层顶面的 $z$、$P$ 等参数,代入上述式(7-3)计算目的层的流体势值(分别用 $\Phi_o$、$\Phi_g$、$\Phi_w$)表示油势、气势、水势);③编制流体势平面等值线图;④分析流体势的空间分布特征,进而分析可能的流体运移指向和聚集部位。

## 四、流体势分析的基本方法

实际分析中 $z$、$P$、$\rho$ 等参数的正确求取是计算流体势的关键。近 20 年来计算机技术、地震技术和测试分析技术的发展,流体势地质参数的求取已经从单纯的地质方法演变为地震和测试分析手段的运用。盆地流体势的研究也已经从单纯的地质研究过渡到地质、分析测试和地震资料多种方法相结合,充分利用各种技术资料的手段分析盆地今古流体势。

1. 地震层速度分析法

地震层速度分析法主要适用于今流体势分析。根据流体势的求取公式,流体势主要取决于地层流体压力、高程、流体密度和所在地区的重力加速度。对于一个地区来说重力加速度是一定的,流体密度可以通过测试资料获得,高程参数可通过构造解释获取,故地层流体压力的求取是今流体势计算的关键。一般来说,今地层压力可由测井、地震资料获得,但由于测井资料的局限性,大面积获取今地层压力数据必须依靠地震信息,特别是在勘探初期钻孔之前,地震信息则是今地层压力数据的唯一来源。

1979 年,W. R. Fillippone 提出了直接由地震层速度计算地层压力的经验公式,并于 1982 年加以改进,这种方法曾在国内外众多含油气盆地的油气勘探实践中获得了运用,其表达式为:

$$P_f = [(V_{\max} - V_i)/(V_{\max} - V_{\min})] \times D \times G_p \times \rho_s \tag{7-4}$$

式中,$P_f$ 为地层压力(MPa);$V_i$ 为第 $i$ 层层速度(m/s);$D$ 为埋深(m);$G_p$ 为地层在某一矿化条件下的地层水压力梯度,常数;$\rho_s$ 为地层平均密度(kg/m$^3$);$V_{\max}$为孔隙度接近于零时的岩石波速(m/s);$V_{\min}$为刚性接近于零时的岩石波速(m/s)。

通过地震速度谱求取地震层速度,根据式(7-4)即可得到地层压力,再通过测试资料得到流体密度和时—深转换得到该层到基准面的深度即可计算该层的今流体势,同时可以计算剩余压力。

由于地震资料的涵盖范围相对于井点资料较广,因此采用地震层速度法研究流体势可以扩大今流体势的研究范围,对于勘探早期测试和井点资料缺乏的地区尤为适用。

2. 盆地模拟分析法

盆地的数值模拟包括两个主要的环节:建立地质模型和建立数学模型。地质模型是地质学家根据对盆地大量地质资料的实际观察和理论研究所作的关于盆地形成、演化及其石油地质过程的概括描述。将地质模型的物理化学特征用一系列的数字、符号来表征,同时用一定的数学表达式去描述或逼近这些特征的定量关系,这种数学表达式就称为数学模型。运用盆地模拟技术进行盆地流体势的研究即通过建立盆地演化的地质模型和数学模型,采用模拟系统进行盆地地史、热史、生烃史、排烃史和运移聚集史模拟,求取古流体势。

确定地层的古高程需要知道剥蚀厚度,同时须进行压实校正。一般剥蚀厚度可以根据地震剖面法、裂变径迹、压实曲线恢复和地层对比法等获得;压实厚度校正一般采用正演法,根据今厚度、今孔隙度和原始孔隙度求出地层的原始厚度,再根据原始厚度和相应的沉降时间求出不同地史时期该层的埋深和厚度,并进行误差校正。

确定地层的古压力可以根据压力孕育史模型进行，且压力孕育史模型的获取主要根据古压力形成的 4 个前提：即①压实过程中岩石颗粒骨架不可压缩，而孔隙流体可以压缩；②流体在岩石孔隙介质中的流动为线性渗流，服从达西定律；③流体流动符合质量守恒定律；④泥岩中过高的孔隙压力可以通过水力裂缝的方式逐步释放降低。

运用盆地模拟分析法进行古流体势的研究关键在于地质模型的建立和转化，用该方法在构造简单的地区求得的古流体势准确度较高，并且可以进行三维显示，但是缺点在于涉及参数多，求取过程较为复杂，并且对于复杂构造地区不适用。

3. 流体包裹体分析法

流体包裹体是油气水在运移聚集过程中被宿主矿物捕获后形成的，它是油气在不同演化阶段的原始样品，是现存的地质历史时期的微观油气(水)藏。由于除少数强烈的构造运动和热演化导致的破坏以外，大多数的流体包裹体都是保存完好的原始样品，其地球化学特征能够较为真实地反映古流体的特征，因此成为很好的油气运聚古流体势研究手段。

古高程的获取方法：利用同一口井不同深度流体包裹体捕获压力和温度可以得到古地温梯度和古地压梯度，然后根据温度-深度和压力-深度图版上的古地温梯度和古地压梯度曲线可以得到古今地表高程的差值，校正后即可得到样品的古高程。

古压力的求取方法：流体包裹体的捕获压力一般可以代表响应期次的流体压力，但是求取的难度较大，必须知道流体相的成分和体系的 $P-V-T-x$ 热力学方程和相图。通过建立热力学方程求取捕获压力。据刘斌(1998)的研究，油田中常常赋存的气态烃—水溶液、液态烃—水溶液、气态烃—液态烃、气态烃—液态烃—水溶液等不混溶流体包裹体组合，列出同一组合不同相态流体包裹体的热力学状态方程，并将两个状态方程联立，利用显微测温等方法获得方程中除了压力、温度这两个变量以外的其它所有参数，代入到联立方程中求解，从而可以精确地计算出包裹体的形成压力，同时也可获得其形成温度。

古流体密度的求取：流体包裹体中流体相的密度是古流体密度的反映，对于不同成分的流体包裹体可以运用不同的方法求取其流体密度。对于盐水包裹体，测定出水溶液的冰点后，便可以得到水溶液的含盐度，然后根据包裹体完全均一温度和含盐度的有关图表或公式，求得水溶液的流体密度；对于液态烃和气态烃类包裹体可应用 $P-V-T-x$ 热力学方程和其变形 $P-V-T$ 来求取流体密度的准确数值。当烃类包裹体与水溶液包裹体为不混溶流体包裹体组合时，可利用水溶液包裹体求得的温度、压力代入，从而可以求得体积，进一步求出密度。当不能判别烃类包裹体与其它包裹体是否为不混溶流体包裹体组合时，可以根据烃类包裹体的均一温度，利用气液平衡的热力学方法，计算出均一压力后再代入到状态方程中，求出它的流体密度。

采用流体包裹体进行古流体势的研究主要在于运用包裹体的地球化学参数求取古流体势地质参数。这些参数包括古高程、古流体密度、古压力等。在参数的求取之前最重要的是合理正确地划分油气运移聚集的期次。通过对同期次的包裹体进行测定计算就可以得到古高程、古流体密度、古压力参数，从而得到同期次的古流体势。由于包裹体大多是地质历史时期的原始样品，因此由此求得的古流体势准确度较高，但是由于流体包裹体样品的限制，一般数值点较少，并且流体包裹体捕获压力求取准确性较差。

沉积盆地流体势的研究是成藏动力学研究的重点和难点，研究盆地的流体势可以获知地质历史时期油气水的势能分布，明确油气的运移方向和聚集区域，同时对了解盆地的演化和含油气系统的划分也具有指导意义。盆地流体势的研究近十几年来有了很大的发展，盆地模拟技术、包裹体分析技术和地震技术已经逐渐取代传统流体势的研究方法为石油地质家所青睐。不同的研究方法具有不同的优势，地震层速度法非常适用于勘探早期测试和钻井资料缺乏的地区今流体势的计算，而采用包裹体分析技术计算流体势可以得到井点处较为准确的古流体势，盆地模拟技术则可以进行人机交互分析获得大范围的古流体势，因此如何综合利用3种研究方法进行流体势演化分析是流体势研究的发展方向之一。

## 五、实习内容、方法和步骤及作业

（1）本实习中以所给定的储集层作为势分析目的层（作业图7－1）。

（2）为简便起见，本实习只计算油势（$\Phi_o$）。计算时以海平面为基准面，已知地下石油密度（$\rho_o$）恒为$0.75\times10^3 kg/m^3$，重力加速度（g）取$10.0m/s^2$，储集层顶面高程（$z$）可以在其构造等高线图上读取，流体压力（$P$）的实测值见作业表7－1。将计算结果填入表中。

（3）根据计算结果勾绘储集层顶面油势等值线图（等势线间距可定为1 000J/kg）。

（4）用虚线圈定圈闭的闭合面积，确定圈闭类型。

（5）分析石油二次运移的方向，用箭头表示主要运移方向。

（6）用实线圈定油藏面积，指出油藏类型。

（7）绘制指定位置的油藏地质剖面图（作业图7－1 A—B线油藏剖面图、作业图7－1 C—D线油藏剖面图），画出油水界面。

（8）回答问题：该储集层的构造高点有油气聚集吗？为什么？

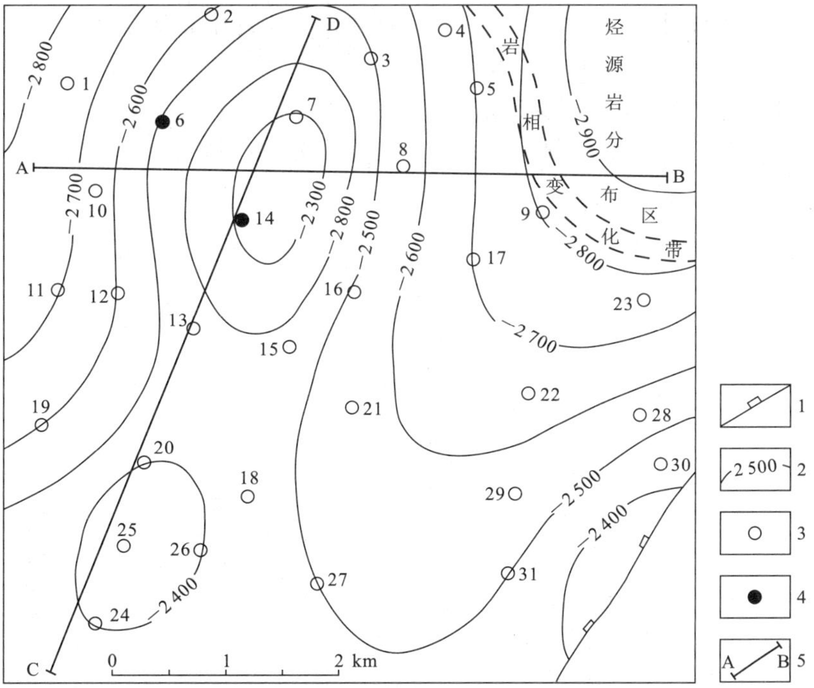


作业图7－1　某油田储层顶面构造图

1－断裂；2－储集层顶面等高线；3－产水井；4－产油井；5－剖面线

圈闭类型：______________________ 油藏类型：______________________

原因分析：____________________________________________________

**作业表 7-1　储集层顶面油势计算简表**

| 井号 | 高程($z$)(m) | 流体压力 $P$(MPa) | 油势 $\Phi_o$(kJ/kg) | 井号 | 高程($z$)(m) | 流体压力 $P$(MPa) | 油势 $\Phi_o$(kJ/kg) |
|---|---|---|---|---|---|---|---|
| 1 | | 28.125 | | 17 | | 30.000 | |
| 2 | | 26.250 | | 18 | | 25.500 | |
| 3 | | 27.000 | | 19 | | 27.000 | |
| 4 | | 29.625 | | 20 | | 24.750 | |
| 5 | | 30.750 | | 21 | | 27.375 | |
| 6 | | 24.000 | | 22 | | 28.875 | |
| 7 | | 24.000 | | 23 | | 30.375 | |
| 8 | | 28.125 | | 24 | | 24.750 | |
| 9 | | 31.500 | | 25 | | 24.000 | |
| 10 | | 26.625 | | 26 | | 24.900 | |
| 11 | | 27.750 | | 27 | | 26.250 | |
| 12 | | 26.250 | | 28 | | 27.375 | |
| 13 | | 24.750 | | 29 | | 27.375 | |
| 14 | | 22.875 | | 30 | | 25.875 | |
| 15 | | 25.875 | | 31 | | 26.250 | |
| 16 | | 27.000 | | 32 | | | |

## 六、思考题

1. 今流体势和古流体势分析在油气二次运移和聚集研究中有何意义？
2. 什么样的输导条件适用于流体势分析？
3. 断层在流体势分析中应如何考虑？
4. 致密砂岩气的运移聚集过程受这里所讲的流体势的控制吗？

# 实习8　利用流体包裹体方法确定油气成藏期次及充注时间

## 一、实习目的

油气成藏期次及充注时间是油气成藏年代学研究的核心内容，体现了油气地质学在发展过程中对"时间"概念理解的不断深化。油气成藏时期是指油气运移至圈闭中聚集过程的整个时间，而油气成藏期次及油气充注时间专指油气进入同一油气藏范围内的储层，并聚集成藏的这段时间，该时间段内可根据流体包裹体均一温度划分出油气成藏期次进而确定油气充注发生的时间。目前已建立了多种方法来开展油气成藏期次及油气充注时间的研究。

本次实习的目的是：①了解油气充注时间及油气成藏期次的概念差异；②利用自生矿物流体包裹体方法确定油气成藏期次及油气充注时间。

## 二、确定油气充注时间及成藏期次的原理和方法

流体包裹体是成岩成矿流体的原始样品，蕴含了流体捕获时的温度、压力以及成分等丰富信息。在流体包裹体岩相学研究（本次实习省略）的基础之上，通过对测试获得的均一温度进行统计分析，以及利用与油包裹体同期的盐水包裹体的均一温度在热史-埋藏史图上进行投点，即可确定出所测试包裹体中的油充注储层的时间。对各个时间点在时间轴上的聚散程度，结合统计直方图，可最终确定出油气成藏期次以及各期次油气充注发生的时间。

## 三、实习内容和步骤及作业

(1)根据表8-1中流体包裹体均一温度测试数据进行统计分析，并绘制直方图，初步划分油气成藏期次。

(2)利用与油包裹体同期的盐水包裹体均一温度数据，在图8-1中标注出油气充注点，并读取各点充注时间。

(3)在时间轴上对各时间点进行综合分析，最终确定出油气成藏期次以及各期次油气充注发生的时间。

(4)完成所要求的成果图件，并对油气成藏期次以及各期次油气充注发生的时间进行图解和文字小结。

表 8-1 某油田某井埋深 3 105m 油藏储层流体包裹体显微测温数据

<table>
<tr><th>产状</th><th>成因</th><th>类型</th><th>大小(μm)</th><th>气/液(%)</th><th>均一温度(℃)</th><th>备注</th></tr>
<tr><td>穿石英颗粒裂纹</td><td>次生</td><td>盐水包裹体</td><td>5</td><td>5</td><td>94.8</td><td></td></tr>
<tr><td>穿石英颗粒裂纹</td><td>次生</td><td>油包裹体</td><td>5</td><td>8</td><td>91.5</td><td rowspan="6">同期</td></tr>
<tr><td>穿石英颗粒裂纹</td><td>次生</td><td>油包裹体</td><td>4</td><td>5</td><td>93.2</td></tr>
<tr><td>穿石英颗粒裂纹</td><td>次生</td><td>油包裹体</td><td>4</td><td>8</td><td>94.7</td></tr>
<tr><td>穿石英颗粒裂纹</td><td>次生</td><td>油包裹体</td><td>2</td><td>8</td><td>95.0</td></tr>
<tr><td>穿石英颗粒裂纹</td><td>次生</td><td>盐水包裹体</td><td>5</td><td>4</td><td>98.5</td></tr>
<tr><td>穿石英颗粒裂纹</td><td>次生</td><td>盐水包裹体</td><td>2</td><td>8</td><td>99.8</td></tr>
<tr><td>穿石英颗粒裂纹</td><td>次生</td><td>油包裹体</td><td>5</td><td>5</td><td>84.7</td><td rowspan="3">同期</td></tr>
<tr><td>穿石英颗粒裂纹</td><td>次生</td><td>油包裹体</td><td>4</td><td>5</td><td>88.6</td></tr>
<tr><td>穿石英颗粒裂纹</td><td>次生</td><td>油包裹体</td><td>4</td><td>5</td><td>89.3</td></tr>
<tr><td>穿石英颗粒裂纹</td><td>次生</td><td>盐水包裹体</td><td>2</td><td>8</td><td>96.4</td><td></td></tr>
<tr><td>穿石英颗粒裂纹</td><td>次生</td><td>盐水包裹体</td><td>2</td><td>5</td><td>102.1</td><td></td></tr>
<tr><td>穿石英颗粒裂纹</td><td>次生</td><td>盐水包裹体</td><td>2</td><td>5</td><td>104.3</td><td></td></tr>
<tr><td>穿石英颗粒裂纹</td><td>次生</td><td>油包裹体</td><td>4</td><td>5</td><td>98.4</td><td rowspan="3">同期</td></tr>
<tr><td>穿石英颗粒裂纹</td><td>次生</td><td>油包裹体</td><td>2</td><td>8</td><td>99.6</td></tr>
<tr><td>穿石英颗粒裂纹</td><td>次生</td><td>盐水包裹体</td><td>4</td><td>5</td><td>106.2</td></tr>
<tr><td>穿石英颗粒裂纹</td><td>次生</td><td>油包裹体</td><td>3</td><td>5</td><td>107.2</td><td rowspan="3">同期</td></tr>
<tr><td>穿石英颗粒裂纹</td><td>次生</td><td>盐水包裹体</td><td>2</td><td>5</td><td>115.3</td></tr>
<tr><td>石英颗粒内裂纹</td><td>次生</td><td>盐水包裹体</td><td>4</td><td>5</td><td>115.7</td></tr>
<tr><td>石英颗粒内裂纹</td><td>次生</td><td>油包裹体</td><td>4</td><td>8</td><td>110.3</td><td rowspan="2">同期</td></tr>
<tr><td>石英颗粒内裂纹</td><td>次生</td><td>盐水包裹体</td><td>4</td><td>8</td><td>116.8</td></tr>
<tr><td>穿石英颗粒裂纹</td><td>次生</td><td>油包裹体</td><td>5</td><td>5</td><td>108.4</td><td rowspan="3">同期</td></tr>
<tr><td>穿石英颗粒裂纹</td><td>次生</td><td>盐水包裹体</td><td>3</td><td>5</td><td>117.8</td></tr>
<tr><td>石英颗粒内裂纹</td><td>次生</td><td>盐水包裹体</td><td>10</td><td>5</td><td>118.3</td></tr>
<tr><td>穿石英颗粒裂纹</td><td>次生</td><td>盐水包裹体</td><td>3</td><td>3</td><td>120.6</td><td></td></tr>
<tr><td>穿石英颗粒裂纹</td><td>次生</td><td>盐水包裹体</td><td>4</td><td>5</td><td>121.3</td><td></td></tr>
<tr><td>穿石英颗粒裂纹</td><td>次生</td><td>盐水包裹体</td><td>3</td><td>5</td><td>122.6</td><td></td></tr>
<tr><td>穿石英颗粒裂纹</td><td>次生</td><td>盐水包裹体</td><td>3</td><td>5</td><td>123.4</td><td></td></tr>
<tr><td>穿石英颗粒裂纹</td><td>次生</td><td>盐水包裹体</td><td>2</td><td>8</td><td>123.4</td><td></td></tr>
<tr><td>穿石英颗粒裂纹</td><td>次生</td><td>盐水包裹体</td><td>5</td><td>3</td><td>124.5</td><td></td></tr>
<tr><td>穿石英颗粒裂纹</td><td>次生</td><td>盐水包裹体</td><td>4</td><td>5</td><td>125.1</td><td></td></tr>
<tr><td>穿石英颗粒裂纹</td><td>次生</td><td>盐水包裹体</td><td>3</td><td>5</td><td>126.4</td><td></td></tr>
<tr><td>石英颗粒内裂纹</td><td>次生</td><td>油包裹体</td><td>3</td><td>8</td><td>112.6</td><td rowspan="6">同期</td></tr>
<tr><td>穿石英颗粒裂纹</td><td>次生</td><td>油包裹体</td><td>3</td><td>5</td><td>112.6</td></tr>
<tr><td>穿石英颗粒裂纹</td><td>次生</td><td>油包裹体</td><td>3</td><td>5</td><td>114.2</td></tr>
<tr><td>穿石英颗粒裂纹</td><td>次生</td><td>油包裹体</td><td>4</td><td>8</td><td>114.3</td></tr>
<tr><td>穿石英颗粒裂纹</td><td>次生</td><td>盐水包裹体</td><td>3</td><td>5</td><td>136.4</td></tr>
<tr><td>穿石英颗粒裂纹</td><td>次生</td><td>盐水包裹体</td><td>4</td><td>5</td><td>136.8</td></tr>
<tr><td>穿石英颗粒裂纹</td><td>次生</td><td>油包裹体</td><td>3</td><td>8</td><td>115.2</td><td rowspan="3">同期</td></tr>
<tr><td>穿石英颗粒裂纹</td><td>次生</td><td>油包裹体</td><td>2</td><td>5</td><td>117.3</td></tr>
<tr><td>穿石英颗粒裂纹</td><td>次生</td><td>盐水包裹体</td><td>4</td><td>8</td><td>137.5</td></tr>
</table>

**续表 8-1**

| 产状 | 成因 | 类型 | 大小(μm) | 气/液(%) | 均一温度(℃) | 备注 |
|---|---|---|---|---|---|---|
| 石英颗粒内裂纹 | 次生 | 油包裹体 | 4 | 8 | 134.8 | 同期 |
| 穿石英颗粒裂纹 | 次生 | 油包裹体 | 3 | 10 | 135.6 | |
| 穿石英颗粒裂纹 | 次生 | 油包裹体 | 3 | 8 | 137.2 | |
| 石英颗粒内裂纹 | 次生 | 油包裹体 | 5 | 8 | 140.3 | |
| 穿石英颗粒裂纹 | 次生 | 盐水包裹体 | 4 | 5 | 138.0 | |
| 石英颗粒内裂纹 | 次生 | 盐水包裹体 | 4 | 5 | 138.9 | |
| 穿石英颗粒裂纹 | 次生 | 盐水包裹体 | 3 | 8 | 138.9 | |
| 穿石英颗粒裂纹 | 次生 | 盐水包裹体 | 2 | 8 | 139.2 | |
| 穿石英颗粒裂纹 | 次生 | 盐水包裹体 | 2 | 8 | 139.5 | |
| 石英颗粒内裂纹 | 次生 | 盐水包裹体 | 4 | 5 | 140.3 | |
| 穿石英颗粒裂纹 | 次生 | 盐水包裹体 | 2 | 8 | 140.8 | |
| 石英颗粒内裂纹 | 次生 | 盐水包裹体 | 4 | 5 | 141.5 | |
| 穿石英颗粒裂纹 | 次生 | 盐水包裹体 | 3 | 5 | 141.7 | |

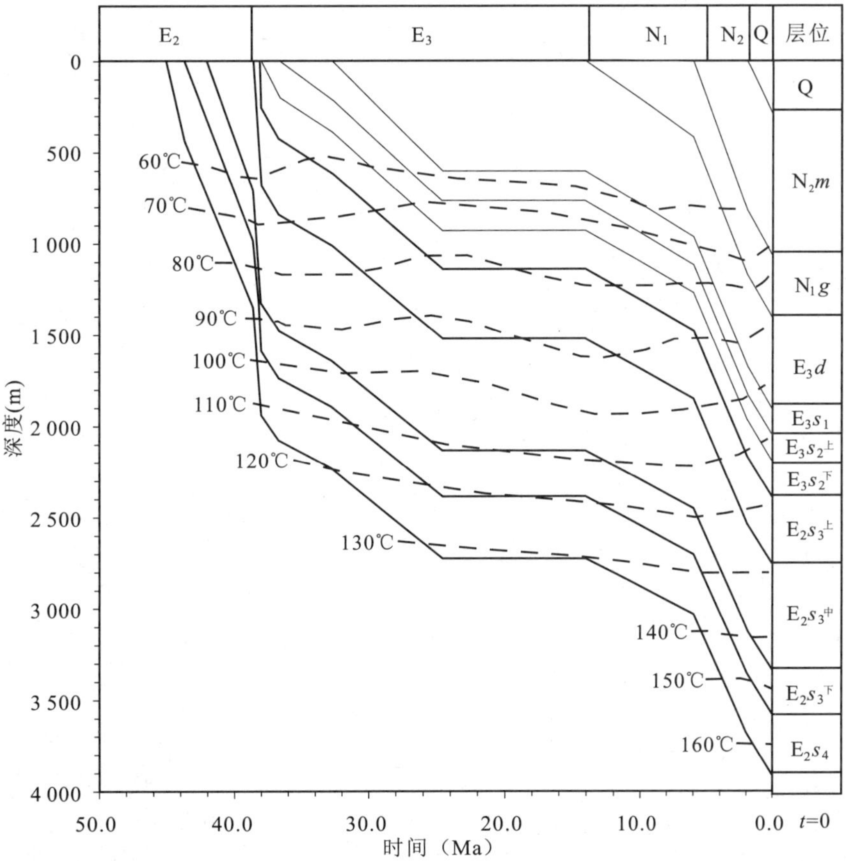


作业图 8-1　某油田某井地层埋藏史-热史

## 四、思考题

1. 自生矿物流体包裹体均一捕获温度的地质涵义及其地质应用有哪些？
2. 为什么油包裹体的均一温度小于盐水包裹体的均一温度？
3. 油气充注时间和油气成藏期次的关系和区别是什么？

# 实习9　含油气盆地温度场研究思路及方法

## 一、实习目的

含油气盆地温度场表征的是地下温度的分布状况。古地温是沉积盆地有机质成烃演化的决定性控制因素，含油气盆地温度状况对油气的生成和分布具有极其重要的影响作用。

通过本次实习，了解表征沉积盆地温度场的基本参数及其获取方法，分析影响含油气盆地温度场分布的主要因素，探讨温度场对油气成藏的作用与效应。

## 二、相关理论、方法和技术

1. 温度场表征参数

表征含油气盆地温度场特征的3个基本参数为地下温度、地温梯度和大地热流。

(1)地下温度：温度是地球最重要的物理性质之一，其既有空间的变化，又与时间相关。地下温度数据是研究含油气盆地温度场特征的最基础和第一手资料，主要借助各种钻孔测试(如试油、测井等)手段获取。实测温度数据的可靠程度和准确程度决定着温度场分析的真实性。

(2)地温梯度：地温梯度反映了地温随深度的变化，并可用于反映地温在平面上的分布状况，是描述地温场的重要地质一地球物理参数，计算公式为：

$$G=\frac{T_H-T_0}{H}\times 100 \tag{9-1}$$

式中，$G$为地温梯度(℃/100m)；$T_H$为$H$处的温度(℃)；$T_0$为地表恒温带的温度(℃)；$H$为测温点与恒温带深度之差(m)。

地壳浅部的地温场自地表向下大致可划分为变温带(外热带)、恒温带(中性层)和增温带(内热带)3个带。其中，变温带的温度主要受太阳辐射的影响，可分为日变温带、月变温带、年变温带和多年变温带。一般地，日变温带底面的深度为1～2m，年变温带底面的深度为15～30m，多年变温带底面的深度可达百米。恒温带为地球内热与太阳辐射热的相互影响达到平衡的地带；恒温带一般很薄，有时可视为一个面，温度在该带内相对保持恒定。不同地区恒温带的温度和深度存在差异，主要与当地的纬度、高程、地表水体的分布、植被及小气候条件等有关；年恒温带的温度与当地年平均地面温度大致相当，一般比当地“百叶箱”里的年平均气温高1～2.5℃，因此，如果在对某一地区进行实际分析时缺少恒温带的数据，可以根据该地区的年平均气温来推算恒温带的温度；恒温带的深度一般为20～40m，如果在所研究地区尚未取得恒温带的资料，也可暂时不考虑恒温带的深度，直接从地表算起，其所引起的误差一般不会太大，不会导致地温场的明显歪曲。

(3)大地热流：大地热流表示的是地球内部在单位时间内向地球表面单位面积上传递的热量，是地球内热在地表最为直接的显示和表征温度场特征的最重要地质-地球物理参数；大地热流是一个综合性参数，比温度、地温梯度等其它地热参数能更确切地反映一个地区的地热场特征。在数值上，大地热流等于地温梯度与岩石热导率的乘积：

$$Q = K \times G \tag{9-2}$$

式中，$Q$ 为大地热流（$mW/m^2$）；$G$ 为地温梯度（℃/km）；$K$ 为岩石热导率[W/(m·℃)或W/(m·K)]。

岩石热导率表示的是岩石的传热特性，为单位厚度岩石沿热传导方向在温度差为1℃时单位时间内所通过的比热流量。影响岩石热导率值的因素有许多，包括温度、压力、岩石本身的特性、压实成岩演化程度等，其中以岩石的成分和结构特点最为重要，因此不同岩石的热导率存在较大的差异。由于水的热导率大于空气的热导率，流体（油、气、水）的热导率小于岩石骨架，因此，一般地，松散物质的热导率比固结岩石的热导率低；同一岩石（孔隙度固定）的热导率随含水量的增加而增加；饱和同一流体（油、气、水）岩石的热导率随孔隙度的增加而降低；沉积岩的热导率多低于火成岩和变质岩的热导率。在沉积岩中，煤炭的热导率最低，页岩、泥岩次之，石灰岩、岩盐和石膏的热导率最大，砂岩和砾岩的热导率值变化大（表9-1）。

**表9-1　主要岩石和流体在室温下的热导率**（据张家诚，1986，略有增加）

| 介　质 | 热导率[W/(m·K)] | 介　质 | 热导率[W/(m·K)] |
|---|---|---|---|
| 花岗岩 | 2.5～3.8 | 砂岩 | 1.2～4.2 |
| 辉长岩/玄武岩 | 1.7～2.5 | 页岩 | 0.8～2.1 |
| 石灰岩 | 1.7～3.3 | 火山凝灰岩 | 1.2～2.1 |
| 白云岩、盐岩 | 5.0 | 深海沉积物 | 0.6～0.8 |
| 空气 | 0.000 5～0.5 | 水 | 0.6 |

2. 影响温度场的因素

现有研究表明，影响温度场的因素有很多，主要包括大地构造性质、基底起伏、火山与岩浆活动、岩石性质、盖层褶皱、断层、地下水活动及烃类聚集等。

（1）大地构造性质：盆地所处区域的大地构造性质（地壳活动强度、地壳厚度等）是决定温度场的主导因素。一般地，构造活动强烈部位（如大洋中脊、中新生代裂谷区等）具有较高的地温和大地热流，而构造活动弱的部位（如稳定的古老地台区、海盆等）则多具较低的地温和大地热流。区域地温场的分布与区域地壳厚度也有着密切的关系，地壳薄的地区（如我国东部），地温偏高；地壳厚的地区（如我国西部），地温偏低。对具体盆地而言，往往由于地幔上隆，地壳拉张、裂陷，厚度减薄，盖层将受到地幔更强烈的烘烤作用，加上地幔物质的上涌和侵入，致使盆地内部地温高于边缘。

（2）基底起伏：由于来自地球内部的均匀热流在地壳上部的再分配及基底热导率一般高于盖层，所以深部热流将向基底隆起处集中，从而导致隆起具有高热流高地温梯度特征，而坳陷一般表现为低地温特征。

（3）火山与岩浆活动：火山和岩浆活动对地温分布具有巨大的影响作用，例如世界上许多高温地热田都分布在现代火山区。岩浆活动对地温的影响主要与岩浆侵入的时间、岩体规模、几何形态、围岩产状及围岩热性质有关。

(4)岩石性质：由于不同性质的岩石具有不同的热导率，因此岩石性质对地温具有一定的影响作用。大量的井下测温资料表明，当井孔穿过较均一的岩层时，井孔的深度－温度曲线表现为一条较平滑的直线，即地温梯度为常值；当井孔穿过热物理性质差异较大的岩层剖面时，井的深度－温度曲线则为折线，地温梯度有明显的变化，曲线转折处往往与不同岩性段的分界面相对应。一般地，同一井中热导率低的岩石具有较高的地温梯度，热导率高的岩层则具有较低的地温梯度。

(5)盖层褶皱：与基底起伏对盖层地温场的影响相类似，由于基底较老的致密岩石具有较高的热导率，而上覆较新的沉积层的热导率则相对较低，同时由于岩石的热导率具有各向异性，平行层理面的导热性好，因此当成层岩石褶皱变形且倾角较大时，热流将偏向地层上倾方向，从而导致背斜使热流汇聚、向斜使热流分散，也即背斜轴部或核部的地温与地温梯度高于其两翼，向斜则正好相反。

(6)断层：断裂活动会引起深部高温流体或浅部低温流体的运移，从而导致沿断裂附近地温分布的局部异常。通常，深大断裂可作为地下热流体循环对流的通道，易形成高温区。就断层性质而言，一般的开启性断层是地下水循环的通道，可以将靠近地表温度较低的地下水引至深部，从而使地温降低，但有时也可因深部地下水沿断层上升而使地温增高；一般的封闭性断层或压扭性断层往往因压扭和摩擦产生热量，形成附加热源，使地温增高。

(7)地下水活动：地下水在地壳浅部分布广泛，易于流动，且比热容较大，对地温场有重要影响。在地下水侧向活动强烈、补给与径流条件十分良好的地区(如一些中小型盆地及某些大型盆地的边缘部位)，地下水的活动可引起围岩温度降低。深循环地下水上升可引起局部地温正异常，如在沉积盆地的覆盖层掩盖之下，相对高温高水头的排泄区有热水的上升活动，可形成一定范围的高温异常。

(8)烃类聚集：长期以来，人们发现在烃类聚集(油气田)上方往往存在地温高异常(一般为0.2～4.5℃)，异常虽然微弱，但却相当普遍地分布在油气田上方的浅部和地面。导致烃类聚集上方地温异常的主要原因首先是由于油气藏本身提供了由现代仪器可以测出的附加热源。油气藏的附加热源主要来自烃类需氧和乏氧氧化的放热反应和放射性元素的集中等。另外，由于地球化学和水文地质因素的作用而导致了烃类流体的扩散和对流，流体在向上渗逸时便将油气藏中的过剩热量带至浅部和地表，实际上是使油气藏上方增加了一个微小的附加热流值。

## 三、实习内容和步骤

(1)认真复习有关沉积盆地温度场分析的教材章节和参考文献。

(2)阅读作业表9－1所提供的材料，掌握现今地温场定量计算与分析的方法技术，完成实习作业。

## 四、实习要求和作业

(1)计算、完成作业表9－1中各测温点的地温梯度和大地热流值。

(2)作深度—温度关系图，拟合求取A、B、C各单井及综合3口单井的地温梯度。

(3)分析不同构造单元地温梯度差异性的原因。

(4)比较性分析不同构造单元烃源岩生烃门限深度的差异。

**作业表 9-1　我国东部某含油气盆地不同构造单元代表性钻井温度测试资料**

| 构造单元 | 井号 | 深度(m) | 温度(℃) | 地温梯度(℃/100m) | 热流($mW/m^2$) |
|---|---|---|---|---|---|
| 中央隆起带 | A | 2 157.66 | 108.9 | | |
| | A | 2 196.70 | 110.1 | | |
| | A | 2 564.68 | 117.2 | | |
| | A | 2 617.20 | 118.3 | | |
| | A | 2 662.73 | 118.8 | | |
| | A | 2 760.20 | 119.4 | | |
| | A | 2 771.00 | 119.8 | | |
| | A | 2 783.50 | 120.1 | | |
| 西次凹 | B | 2 111.00 | 97.1 | | |
| | B | 2 808.00 | 113.7 | | |
| | B | 2 902.00 | 118.1 | | |
| | B | 3 381.25 | 131.2 | | |
| | B | 3 556.50 | 133.3 | | |
| | B | 3 741.35 | 142.5 | | |
| | B | 3 771.60 | 145.2 | | |
| 西部斜坡带 | C | 2 283.80 | 88.4 | | |
| | C | 2 354.00 | 106.3 | | |
| | C | 2 691.40 | 113.2 | | |
| | C | 2 760.00 | 113.4 | | |
| | C | 2 892.10 | 116.4 | | |
| | C | 2 951.90 | 118.7 | | |
| | C | 3 065.00 | 120.8 | | |
| | C | 3 163.40 | 121.9 | | |
| | C | 3 380.75 | 133.1 | | |

注:为计算方便,假设盆地地表温度为12℃,不考虑变温带和恒温带的深度,岩石热导率取2.0W/(m·K)。

## 五、思考题

1. 若考虑变温带和恒温带的深度,对地温梯度和大地热流值的计算有何影响?
2. 若考虑实际岩石单元的构成(砂岩、泥岩及流体),对计算结果有何影响?
3. 我国东部和西部含油气盆地地温场特征的差别及其影响因素有哪些?

# 实习 10　含油气盆地压力场研究思路及方法

## 一、实习目的

含油气盆地压力场特征包括今压力场和古压力场研究，是油气成藏流体动力系统研究和流体势分析的重要研究内容和基础。地层压力（孔隙流体压力）尤其是异常高压是油气从烃源岩排出的驱动力，也对油气二次运移和聚集有重要影响，与油气生成、保存、流体-岩石相互作用及成岩作用关系密切。随钻压力检测和利用地球物理资料进行钻前压力预测对保证钻井工程安全和降低勘探成本具有重要的实际意义。

通过本次实习，初步掌握常用压力术语的基本概念，压力场分析的基本方法；了解实测地层压力资料获取的途径和超压预测的主要方法，地层压力的起因和有效应力原理，超压和低压的主要成因以及异常压力流体封存箱；查阅和自学有关流体系统演化和压力旋回以及古压力研究方法的文献；初步认识地下流体压力系统与油气成藏的关系。

## 二、相关理论、方法和技术

1. 常用术语

（1）静水压力（Hydrostatic pressure）：静水柱压力相当于测压点至水测势面的垂直高度（$h$，m）的水柱压力（$P_h=\rho_w \cdot g \cdot h$，MPa），静水压力是一个理论值，同样的水柱高度，静水压力的变化主要取决于水的密度（$\rho_w$，$\times 10^3$ kg/m$^3$）及矿化度。

（2）静岩压力（Lithostatic pressure）：也称上覆负荷压力（Overburden pressure），相当于测压点至地表的垂直地层高度（$h$，m）的静地压力（$P_o=\rho_r \cdot g \cdot h$，MPa），$\rho_r$为地层条件下的岩石密度。

（3）地层压力（Formation pressure）：也称孔隙流体压力（Pore fluid pressure），该压力若接近或等于静水压力则称正常压力（Normal pressure），若明显大于或小于静水压力则称异常压力（Abnormal pressure）；地层压力与静水压力之差称为剩余压力（Excess pressure），地层压力与静水压力之比称为压力系数；当地层压力明显小于静水压力时（一般压力系数$<0.9$），称为异常低压（Anomalously low pressure，Underpressure，Subnormal pressure），当地层压力明显大于静水压力时（一般压力系数$>1.1$），称为异常高压或超压（Anomalously high pressure，Overpressure）。

（4）有效应力（Effective stress）：是岩石骨架颗粒与颗粒之间所承受的垂向应力（$E_v$），它与孔隙流体压力（$P_f$）相加就是上覆负荷压力（$S_v=E_v+P_f$）。

2. 地层压力测试及超压预测和压力检测

（1）地层压力测试。获得原始地层压力的实测方法有两种：一是钻杆测试（DST），即试油或试气过程中的地层压力测试以及原始地层压力恢复；二是电缆测试（如 RFT 和 MDT 等）。地层压力实测方法一般仅适用于渗透性地层如砂岩层，渗透率$>0.01\times 10^{-3}$ $\mu$m$^2$，实测地层压力是超压研究中直接反映超压现象的可靠证据。

钻杆测试只能在试油气层段获得压力数据，电缆测试可得到渗透性地层的压力，但由于施工费用高，往往测压层段少，压力数据有限。钻井泥浆液柱静压力代表了渗透性地层的孔隙压力随深度变化的大体趋势，因为在平衡钻进过程中，通过改变泥浆密度实现大致平衡地层压力。实际上，在异常高压层段，由于各种复杂的地质和工程因素使得通过调整钻井液密度以求保持与地层压力的动态平衡较为困难，欠平衡和过平衡常会出现。另外，在钻遇高压含气层段时，高压天然气可侵入泥浆液导致要求更高的泥浆密度来平衡地层压力，使得根据泥浆密度换算的泥浆液柱静压力偏高。所以，利用泥浆密度换算的视地层压力等参数仅代表实际地层压力随深度变化的趋势，而这种趋势一般指示渗透性地层的孔隙流体压力随深度变化的响应特征。

(2)超压预测和压力检测。对于极低渗透率($<0.001\times10^{-3}\mu m^2$)的泥页岩层，由于其孔隙流体压力难以实测，泥页岩层是否处于超压状态通常需利用声波时差、视电阻率和地震速度等对超压的响应特征来加以研究和预测，例如 Eaton(1972、1976)和 Fillippone(1979、1982)分别提出经验公式，利用测井和地震资料研究并估算和预测超压。

钻井过程中的压力检测有许多，标准化钻速法即 $d$ 指数法是常用的有效方法之一，$d$ 指数法是 Jorden 和 Shirley(1966)提出的在钻井过程中利用钻压和钻速的变化检测超压层的方法。$d$ 指数是一无量纲数，涉及的钻井参数有钻速、钻头尺寸、钻压和转速等。通常 $d$ 指数与深度的关系图显示随埋深增加 $d$ 指数减小，在压力过渡带和异常高压带 $d$ 指数计算值将低于正常趋势值。Harper(1969)提出了修正的 $d$ 指数法，通过考虑泥浆密度对钻速的直接影响较大地改进了 $d$ 指数法的检测效果。

3. 超压和低压成因

(1)超压成因。超压是地层压力明显高于静水压力的地下流体的异常高压。早在 1878 年地质学家就已注意此现象，1953 年 Dickinson 对美国湾岸地区超压的研究开创了异常压力研究的新时代。20 世纪 80 年代中期以前，对超压的研究主要针对钻井安全和完井工作的需要。随着油气勘探开发研究的深入，特别是对超压及其发育机制、超压与油气生成、运移和聚集关系研究的不断深入，超压在油气勘探、开发和资源评价中的意义日益受到重视。其中仅 AAPG(美国石油地质学家协会)在 1994－2002 年间就出版了 4 部以超压为主题或与超压有关的专著。在此期间，欧洲油气地质学者也有相应的专著出版。我国学者同时也开展了大量的研究工作，出版了多部专著，在超压的分布与成因机理、超压的预测等方面取得了一系列重要的研究成果。

在沉积盆地的形成演化过程中，有很多物理、化学过程都可以产生超压。含油气盆地中大规模超压的主要成因有 3 种：①快速沉积引起的大套泥质岩层的欠压实即高孔隙度；②埋藏增温导致的沉积有机质热成熟生烃；③构造应力侧向挤压。其次，水热增压或流体热膨胀增压可能进一步加强了系统中的异常高压(Martinsen，1995)。此外，压力传递是超压分布的一个重要的控制因素，它造成了地下剩余压力的重新分布(Swarbrick 和 Osborne，1998；Yardley 和 Swarbrick，2000)，超压传递是通过孔隙-裂缝系统、运载层以及断层和不整合面等通道实现地下剩余压力的重新分布。当渗透性地层如砂岩层中流体输导不畅或封闭有效时，超压传递就会导致其中的孔隙流体压力明显增加形成超压层。

(2)低压成因。含油气盆地中低压成因一般认为主要有：①地层温度降低或构造抬升剥蚀降温；②含气封闭系统中的天然气扩散；③剥蚀卸载引起孔隙回弹。大量的研究表明，地温降低造成的孔隙流体体积缩小可能是异常低压形成的最主要的原因。

4. 异常压力流体封存箱

Powley 在 1980—1987 年开展并完成了许多有关异常压力流体封存箱的典型实例解剖和研究工作。Hunt(1990)发表论文阐述异常压力流体封存箱的概念及其油气地质意义。沉积盆地内由封闭层分割的异常压力系统称为异常压力流体封存箱。世界上许多含油气盆地中烃源岩的油气生成发生在封存箱内，埋深大于 3 000m(若地温梯度为 3℃/100m 左右)，超压流体封存箱顶封层地温多在 90～100℃。异常压力流体封存箱有两种类型：一为超压封存箱，孔隙流体支撑部分上覆岩层(上覆岩石＋流体)的重量；另一为低压封存箱，岩石基质支撑上覆岩层的重量。在碎屑岩地层中，顶封层常为碳酸盐矿化带，顶封层可顺层分布，也可穿越地层界面、岩性岩相界面、构造界面，即相当于沿同温层分布。系统内的超压可造成顶封层的间歇式破裂，并伴随箱内油气幕式排出和运移，油气趋向于聚集在紧邻顶封层上下的储集层中，也可聚集于超压封存箱内的储集层中，形成箱缘和箱内成藏作用。

## 三、实习内容和步骤

(1)复习有关沉积盆地压力场分析的教材章节，学习实习讲义中有关内容，查阅参考文献。

(2)阅读表 10－1 所提供的某油区的地层水矿化度和密度数据。

(3)阅读表 10－2 所提供的某油区的深度与钻杆和电缆实测地层压力数据。

(4)掌握分析和研究现今实测压力数据和压力场分析方法，完成实习作业。

**表 10－1　某油区的地层水矿化度和密度数据统计表**

| 井号 | 取样深度(m) | 层位 | 矿化度(g/L) | 相对密度 | 井号 | 取样深度(m) | 层位 | 矿化度(g/L) | 相对密度 |
|---|---|---|---|---|---|---|---|---|---|
| T1 | 140.8 | N | 3.41 | 1.001 2 | M1 | 4 190.0 | $J_2t$ | 18.53 | 1.023 0 |
| T1 | 298.0 | N | 4.24 | 1.003 8 | M1 | 4 190.0 | $J_2t$ | 15.80 | 1.007 7 |
| T1 | 463.0 | N | 6.27 | 1.002 1 | M1 | 4 353.5 | $J_2x$ | 20.21 | 1.015 0 |
| T2 | 559.0 | N | 5.55 | 1.005 6 | M1 | 4 353.5 | $J_2x$ | 18.88 | 1.010 6 |
| T2 | 676.8 | N | 7.60 | 1.004 2 | M1 | 4 376.5 | $J_2x$ | 18.63 | 1.020 0 |
| T2 | 901.0 | N | 6.49 | 1.006 8 | M1 | 4 409.0 | $J_2x$ | 29.36 | 1.015 6 |
| T9 | 1 095.7 | N | 6.31 | 1.002 1 | M2 | 5 110.0 | $J_1b$ | 37.21 | 1.032 0 |
| T9 | 1 264.5 | N | 9.38 | 1.008 3 | M2 | 5 141.5 | $J_1b$ | 27.75 | 1.019 0 |
| T9 | 1 327.0 | E | 11.24 | 1.007 7 | M001 | 3 988.5 | $J_1s$ | 18.05 | 1.023 1 |
| T10 | 1 359.8 | E | 6.20 | 1.003 0 | M001 | 3 988.5 | $J_1s$ | 16.44 | 1.023 1 |
| T10 | 1 415.5 | E | 8.10 | 1.006 0 | M001 | 3 988.5 | $J_1s$ | 14.36 | 1.015 0 |
| T10 | 1 441.2 | E | 8.15 | 1.003 8 | M001 | 3 988.5 | $J_1s$ | 16.71 | 1.023 1 |
| T10 | 1 443.2 | E | 6.15 | 1.002 8 | M001 | 3 988.5 | $J_1s$ | 16.91 | 1.015 4 |
| T12 | 1 459.0 | E | 6.31 | 1.004 9 | M001 | 3 988.5 | $J_1s$ | 16.23 | 1.015 0 |
| T12 | 1 500.0 | E | 5.10 | 1.000 6 | M001 | 3 912.5 | $J_1s$ | 10.12 | 1.007 7 |
| T13 | 1 542.7 | E | 4.58 | 1.002 1 | M002 | 3 486.0 | $J_2t$ | 14.45 | 1.023 0 |
| H1 | 1 566.0 | E | 7.68 | 1.002 4 | M002 | 3 619.0 | $J_2x$ | 19.20 | 1.015 0 |

**续表 10－1**

| 井号 | 取样深度(m) | 层位 | 矿化度(g/L) | 相对密度 | 井号 | 取样深度(m) | 层位 | 矿化度(g/L) | 相对密度 |
|---|---|---|---|---|---|---|---|---|---|
| H1 | 1 624.0 | E | 4.85 | 1.001 4 | M002 | 3 619.0 | $J_2x$ | 19.43 | 1.015 0 |
| H1 | 1 673.5 | E | 9.00 | 1.008 1 | M002 | 3 619.0 | $J_2x$ | 19.91 | 1.023 0 |
| H3 | 1 702.5 | E | 8.20 | 1.009 3 | M002 | 3 619.0 | $J_2x$ | 19.11 | 1.015 0 |
| H3 | 1 722.5 | E | 12.33 | 1.010 2 | M003 | 3 971.5 | $J_1s$ | 8.47 | 1.007 7 |
| H3 | 1 735.7 | E | 11.43 | 1.010 5 | M004 | 3 681.5 | $J_1s$ | 23.61 | 1.030 8 |
| H3 | 1 739.0 | E | 8.71 | 1.004 5 | M004 | 3 681.0 | $J_1s$ | 19.49 | 1.023 1 |
| H5 | 1 759.5 | E | 7.15 | 1.009 1 | MB1 | 3 140.0 | $K_1tg$ | 7.21 | 1.015 0 |
| H5 | 1 794.0 | E | 10.95 | 1.009 1 | MB1 | 3 140.0 | $K_1tg$ | 7.66 | 1.014 0 |
| H5 | 1 823.0 | E | 11.51 | 1.009 8 | MB1 | 3 320.5 | $J_1s$ | 13.52 | 1.023 0 |
| H6 | 1 837.5 | E | 5.70 | 1.001 4 | MB1 | 3 320.5 | $J_1s$ | 13.56 | 1.023 0 |
| H6 | 1 844.0 | E | 7.05 | 1.003 7 | MB1 | 3 367.0 | $J_1s$ | 15.41 | 1.023 0 |
| H6 | 1 864.5 | E | 12.96 | 1.011 2 | MB1 | 3 367.0 | $J_1s$ | 9.91 | 1.015 0 |
| H11 | 1 921.0 | E | 6.28 | 1.002 1 | MB1 | 3 523.0 | $J_1s$ | 20.26 | 1.015 0 |
| L1 | 1 926.7 | E | 9.77 | 1.009 1 | MB1 | 3 523.0 | $J_1s$ | 20.46 | 1.015 0 |
| L1 | 1 939.8 | E | 12.94 | 1.008 4 | MB1 | 3 649.5 | $J_1b$ | 7.92 | 1.007 5 |
| L2 | 1 967.5 | E | 9.74 | 1.007 7 | MB2 | 3 880.5 | $J_1s$ | 12.66 | 1.008 0 |
| L2 | 1 998.8 | E | 15.25 | 1.011 3 | MB2 | 3 880.5 | $J_1s$ | 9.27 | 1.008 0 |
| L2 | 2 018.0 | E | 14.19 | 1.010 1 | MB2 | 3 880.5 | $J_1s$ | 9.42 | 1.008 0 |
| L4 | 2 033.3 | E | 7.10 | 1.000 4 | MB2 | 4 001.0 | $J_1s$ | 10.26 | 1.008 0 |
| L4 | 2 054.2 | E | 10.84 | 1.008 4 | MB2 | 4 320.0 | $J_1b$ | 28.15 | 1.023 0 |
| L4 | 2 060.5 | E | 8.50 | 1.003 5 | MB2 | 4 320.0 | $J_1b$ | 20.54 | 1.008 0 |
| L17 | 2 074.7 | E | 5.53 | 1.004 9 | MB2 | 4 401.0 | $J_1b$ | 34.33 | 1.030 0 |
| L17 | 2 097.5 | E | 10.06 | 1.008 5 | MB4 | 3 566.0 | $J_1s$ | 11.37 | 1.015 4 |
| L20 | 2 118.5 | E | 12.12 | 1.006 8 | MB4 | 3 566.0 | $J_1s$ | 12.32 | 1.015 4 |
| L20 | 2 148.0 | E | 6.25 | 1.005 6 | MB4 | 3 566.0 | $J_1s$ | 11.10 | 1.015 4 |
| L20 | 2 175.5 | E | 11.62 | 1.008 0 | MB5 | 3 728.5 | $J_1s$ | 16.18 | 1.015 4 |
| L23 | 2 205.5 | E | 19.30 | 1.016 9 | MB5 | 3 728.5 | $J_1s$ | 17.45 | 1.030 8 |
| L23 | 2 240.1 | E | 12.99 | 1.010 5 | MB5 | 3 964.0 | $J_1s$ | 19.87 | 1.015 4 |
| L23 | 2 281.5 | K | 15.36 | 1.012 2 | MB6 | 4 462.0 | $J_1b$ | 11.20 | 1.023 1 |
| L101 | 2 299.5 | K | 12.73 | 1.009 8 | MB6 | 4 462.0 | $J_1b$ | 14.30 | 1.023 1 |
| L101 | 2 315.0 | K | 12.64 | 1.006 3 | P4 | 4 040.5 | $J_2x$ | 27.17 | 1.030 8 |
| L105 | 2 345.7 | K | 16.76 | 1.011 9 | P4 | 4 040.5 | $J_2x$ | 29.20 | 1.023 1 |
| L105 | 2 364.0 | K | 13.40 | 1.011 7 | P4 | 4 040.5 | $J_2x$ | 29.77 | 1.023 0 |
| L105 | 2 377.0 | K | 10.50 | 1.003 4 | P4 | 4 302.5 | $J_1s$ | 24.67 | 1.015 0 |
| F1 | 2 393.7 | K | 10.44 | 1.004 9 | P4 | 4 302.5 | $J_1s$ | 28.35 | 1.027 0 |
| F1 | 2 407.0 | K | 8.79 | 1.003 9 | P4 | 4 302.5 | $J_1s$ | 27.35 | 1.031 0 |
| F2 | 2 433.5 | K | 17.82 | 1.015 5 | P4 | 4 302.5 | $J_1s$ | 27.42 | 1.031 0 |
| F2 | 2 469.0 | K | 8.17 | 1.009 4 | P4 | 4 517.0 | $J_1s$ | 13.44 | 1.006 0 |
| F2 | 2 496.0 | K | 13.25 | 1.011 2 | P4 | 4 517.0 | $J_1s$ | 13.28 | 1.015 0 |
| F2 | 2 530.5 | K | 11.37 | 1.009 0 | P4 | 4 517.0 | $J_1s$ | 22.72 | 1.027 0 |
| F2 | 2 551.5 | K | 17.74 | 1.015 4 | P4 | 5 042.5 | $J_1b$ | 21.73 | 1.023 0 |
| F3 | 2 582.0 | K | 14.97 | 1.023 1 | P4 | 5 146.0 | $J_1b$ | 17.64 | 1.023 1 |

续表 10-1

| 井号 | 取样深度(m) | 层位 | 矿化度(g/L) | 相对密度 | 井号 | 取样深度(m) | 层位 | 矿化度(g/L) | 相对密度 |
|---|---|---|---|---|---|---|---|---|---|
| F3 | 2 598.2 | K | 16.51 | 1.016 2 | P4 | 5 146.0 | $J_1b$ | 18.50 | 1.017 7 |
| F7 | 2 617.0 | K | 8.41 | 1.010 0 | P4 | 5 146.0 | $J_1b$ | 17.64 | 1.015 0 |
| F7 | 2 654.7 | K | 20.25 | 1.014 0 | P4 | 5 146.0 | $J_1b$ | 17.32 | 1.023 1 |
| F11 | 2 679.0 | K | 9.98 | 1.007 1 | PC2 | 4 268.5 | $J_2t$ | 15.82 | 1.023 1 |
| F11 | 2 717.5 | K | 18.45 | 1.008 4 | PC2 | 4 268.5 | $J_2t$ | 16.37 | 1.007 7 |
| F16 | 2 733.5 | K | 16.20 | 1.014 0 | PC2 | 4 268.5 | $J_2t$ | 19.47 | 1.027 0 |
| F16 | 2 797.6 | K | 7.69 | 1.008 5 | PC2 | 4 268.5 | $J_2t$ | 19.94 | 1.007 7 |
| X1 | 2 877.5 | K | 12.90 | 1.015 4 | PC2 | 4 611.5 | $J_1s$ | 15.04 | 1.009 0 |
| X1 | 2 903.5 | K | 13.69 | 1.017 5 | PC2 | 4 611.5 | $J_1s$ | 33.53 | 1.038 0 |
| X3 | 2 934.5 | K | 14.65 | 1.010 5 | PC2 | 4 687.0 | $J_1b$ | 28.05 | 1.019 0 |
| X3 | 2 983.2 | K | 19.64 | 1.016 9 | PC2 | 4 687.0 | $J_1s$ | 34.39 | 1.023 8 |
| X3 | 3 022.0 | K | 19.35 | 1.015 4 | PC2 | 4 768.0 | $J_1s$ | 27.10 | 1.019 2 |
| X7 | 3 031.0 | K | 9.07 | 1.015 0 | PC2 | 4 768.0 | $J_1s$ | 18.97 | 1.016 2 |
| X7 | 3 037.0 | K | 13.21 | 1.007 7 | PC2 | 4 816.0 | $J_1s$ | 29.89 | 1.026 0 |
| X7 | 3 051.4 | K | 14.06 | 1.007 7 | PC2 | 4 816.0 | $J_1s$ | 39.81 | 1.029 9 |
| X19 | 3 106.5 | K | 16.70 | 1.022 3 | PC2 | 4 939.0 | $J_1b$ | 21.20 | 1.012 0 |
| X19 | 3 121.2 | K | 13.20 | 1.007 7 | PC2 | 4 268.0 | $J_3q$ | 13.84 | 1.011 2 |
| X19 | 3 173.5 | K | 11.75 | 1.018 0 | PC2 | 4 268.0 | $J_3q$ | 20.10 | 1.004 2 |
| X21 | 3 200.2 | K | 13.75 | 1.015 4 | PC2 | 4 403.5 | $J_2t$ | 20.93 | 1.013 8 |
| X31 | 3 211.0 | K | 12.05 | 1.015 4 | PC2 | 4 480.5 | $J_{2-2}$ | 41.13 | 1.040 0 |
| X31 | 3 212.0 | K | 15.50 | 1.011 6 | PC2 | 4 480.5 | $J_{1-2}$ | 42.85 | 1.041 3 |

**表 10-2 某油区的深度与钻杆和电缆实测压力数据统计表**

| 钻井 | 试油井段(m) | 层位 | 油层中部压力和温度 | | | | 试油结论 |
|---|---|---|---|---|---|---|---|
| | | | 中部深度(m) | 地层压力(MPa) | 压力系数 | 温度(℃) | |
| Z1 | 4 331.00～4 367.50 | $J_1s$ | 4 349.25 | 42.73 | | 103.00 | 油水同层 |
| | 4 353.00～4 367.50 | $J_1s$ | 4 360.25 | 42.87 | | 101.00 | 含水油层 |
| | 4 603.70～4 667.00 | $J_1b$ | 4 635.35 | 81.69 | | 106.00 | 干层 |
| | 4 643.50～4 667.00 | $J_1b$ | 4 655.25 | 83.46 | | 105.80 | 干层 |
| Z3 | 4 169.20～4 172.40 | $J_1s$ | 4 170.80 | 41.55 | | 104.42 | 油层 |
| Z5 | 4 266.50～4 272.50 | $J_1s$ | 4 269.50 | 42.07 | | 104.60 | 油水同层 |
| | 4 236.30～4 246.30 | $J_1s$ | 4 241.30 | 42.15 | | 104.00 | 油水同层 |
| S1 | 3 606.70～3 618.00 | $J_1s$ | 3 612.35 | 35.63 | | 89.10 | 水层 |
| | 3 654.00～3 668.20 | $J_1s$ | 3 661.10 | 35.97 | | 92.00 | 水层 |
| | 3 673.00～3 677.00 | $J_1s$ | 3 675.00 | 36.14 | | 90.39 | 含油水层 |
| | 3 942.00～3 952.50 | $J_1b$ | 3 947.25 | 40.56 | | 94.00 | 干层 |
| | 5 450.00～5 457.80 | $T_1b$ | 5 453.90 | 106.94 | | 129.00 | 干层 |
| S2 | 3 378.60～3 382.60 | $J_1s$ | 3 380.60 | 32.88 | | 86.37 | 油层 |
| | 3 386.10～3 391.00 | $J_1s$ | 3 388.55 | 33.20 | | 85.70 | 油水同层 |
| S3 | 3 495.00～3 462.60 | $J_1s$ | 3 478.80 | 33.99 | | 85.40 | 水层 |
| S4 | 3 411.00～3 418.00 | $J_1s$ | 3 414.50 | 34.05 | | 86.88 | 油水同层 |
| ZH1 | 4 808.50～4 812.50 | $J_1s$ | 4 810.50 | 62.05 | | 113.00 | 油层 |

**续表 10－2**

| 钻井 | 试油井段(m) | 层位 | 油层中部压力和温度 | | | | 试油结论 |
|---|---|---|---|---|---|---|---|
| | | | 中部深度(m) | 地层压力(MPa) | 压力系数 | 温度(℃) | |
| Z101 | 4 757.90～4 768.40 | $J_1s$ | 4 763.15 | 47.43 | | 110.6 | 干层 |
| | 5 053.40～5 057.40 | $J_1b$ | 5 055.40 | 90.46 | | / | 含油水层 |
| C1 | 5 036.50～5 056.50 | $J_1b$ | 5 046.50 | 88.52 | | 129.90 | 低产油层 |
| | 5 087.90～5 102.50 | $J_1b$ | 5 095.20 | 88.97 | | 130.00 | 干层 |
| | 5 323.00～5 328.50 | $J_1b$ | 5 325.75 | 97.25 | | 135.40 | 干层 |
| Y1 | 5 873.40～5 888.10 | $J_2x$ | 5 880.75 | 95.57 * | | 125.36 | 油气层 |
| | 5 873.40～5 888.10 | $J_2x$ | 5 880.75 | 97.45 | | 125.36 | 油气层 |
| | 6 085.50～6 096.00 | $J_1s$ | 6 090.75 | 101.50 | | / | 含油水层 |
| | 6 152.00～6 170.60 | $J_1s$ | 6 161.30 | 112.75 | | / | 含油水层 |
| Y6 | 6 026.30～6 037.50 | $J_2x$ | 6 031.90 | 110.41 | | 131.20 | 干层 |
| D1 | 4 570.50～4 573.20 | $K_1t$ | 4 571.85 | 67.18 | | 115.70 | 干层 |
| | 4 871.18～4 873.00 | $J_2t$ | 4 872.09 | 93.61 * | | 110.30 | 油气层 |
| | 4 954.50～4 957.40 | $J_2t$ | 4 955.95 | 72.63 | | 115.70 | 干层 |
| | 5 289.80～5 309.80 | $J_2x$ | 5 299.80 | 77.35 | | 123.10 | 干层 |
| D2 | 5 328.90～5 335.60 | $J_1b$ | 5 332.25 | 108.17 | | 135.10 | 含油水层 |
| D3 | 5 324.03～5 645.00 | $J_2t$ | 5 484.52 | 97.59 * | | 117.40 | 含油水层 |
| D6 | 5 292.50～5 299.80 | $J_1s$ | 5 296.15 | 109.50 | | 128.40 | 含油水层 |
| PC2 | / | $K_1t$ | 4 276.00 | 43.63 | | 107.00 | 水层 |
| | / | $J_1s$ | 4 422.00 | 45.46 | | 108.00 | 水层 |
| | / | $J_1s$ | 4 469.90 | 66.80 | | / | 含油水层 |
| | / | $J_1s$ | 4 480.20 | 66.82 | | / | 含油水层 |
| | 4 802.00～4 830.00 | $J_1b$ | 4 816.00 | 60.80 | | 123.40 | 含油水层 |
| | / | $J_1b$ | 5 239.00 | 85.01 | | 130.00 | 含油水层 |
| | 5 224.00～5 354.00 | $J_1b$ | 5 289.00 | 85.01 | | / | 含油水层 |

* 为电缆实测压力(MDT)；未标注为钻杆实测压力(DST)。

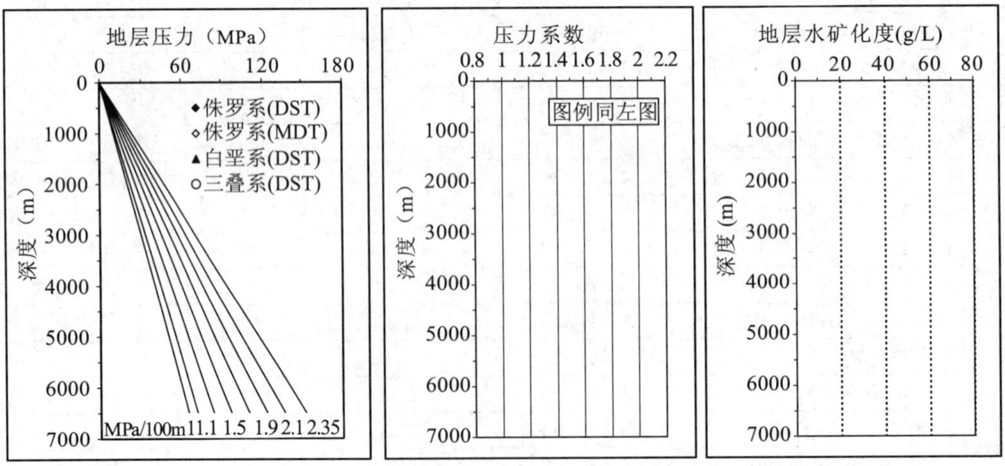


作业图 10－1　绘制实测地层压力与深度关系图的图版

## 四、实习要求及作业

(1)根据表 10-1 所提供的数据求出静水压力梯度。

(2)根据表 10-2 所提供的数据计算各测压点的压力系数并填到表内。

(3)用表 10-1 数据绘制地层水矿化度与相对密度的关系图。

(4)按给出的作业图 10-1 图版,用表 10-2 数据绘制实测地层压力与深度的关系图,用表 10-1 数据绘制地层水矿化度与深度的关系图。

(5)用文字分析和讨论该油区地层流体压力系统特征和超压分布特征。

## 五、思考题

1. 孔隙流体压力的起因和异常压力的成因有哪些?
2. 孔隙压力与有效应力和上覆负荷压力的关系如何?
3. 在连续的含水储集层中,高水势区与相对的高正常压力区有对应关系吗?
4. 在静水条件下,为什么构造高部位是油气的相对低势区?
5. 为什么含油气盆地中常常出现不同的流体压力系统?
6. 流体系统演化和地层压力旋回是什么含义?

# 实习 11 烃源岩埋藏史和热史以及成熟生烃史模拟

## 一、实习目的

盆地模拟技术又称为含油气系统模拟技术。尤其是近 20 年来，通过计算机技术的应用把油气地质研究从定性化研究快速推向定量化研究的发展阶段。20 世纪 70 年代以来，随着计算机技术的快速发展并在油气地质定量、综合、动态过程研究中得到广泛应用，形成了盆地模拟技术，使得含油气系统的历史重建成为可能。该技术在认识地下油气藏复杂的形成过程中，成为十分有效的、不可替代的重要手段。

通过本次实习，学习盆地模拟的思想和方法，了解主要的应用软件；通过开展一维地层埋藏史、热史和成熟生烃史模拟研究，掌握单井一维盆地模拟技术，包括：模拟参数选取、地质模型建立、模拟方法和过程以及模拟结果解释和分析；认识和理解盆地模拟技术即含油气系统模拟技术在油气地质定量、综合、动态过程研究中的重要作用。

## 二、相关理论、方法和技术

盆地模拟(Basin Modeling)技术是应用系统工程原理，将地质模型转化为数学模型，定量模拟盆地形成演化及油气地质事件发生、发展的动态过程。作为解决地质问题的一种手段，盆地模拟是一种技术；作为解决地质问题的一种思维方式，盆地模拟是一种研究方法。

对盆地中一个含油气系统进行模拟研究时，首先要进行盆地总体分析，即对一个盆地的地质和地球化学过程进行深入理解；然后，根据石油地质原理和物理化学机理，建立地质模型；在此基础上，根据数、理、化定理建立数值模型；最后编制相应的软件，从而在地质的时空尺度下，由计算机定量地模拟再现盆地中含油气系统事件的形成和发展即烃类生成、运移和聚集演化过程。盆地形成和演化及油气地质事件的发生、发展过程，可归纳为如下 5 个具有成因联系的过程：地史(沉降史、古水深变化史、埋藏史)、热史、生烃史、排烃史和油气二次运移聚集史；可根据地质研究的需要和资料的可能性，选择一维(1D)、二维(2D)和三维(3D)模型实现模拟重建过程。

1. 常用商业模拟软件

(1)BasinMod：美国 Platte River 公司(PRA)研制(www. platte. com)，包括 BasinMod 1D，BasinMod 2D，BasinFlow 及 Petroleum System，BasinRisk 等子系统。

(2)PetroMod：德国有机地球化学研究所研制(www. ies. de)，由 PetroMod 1D(PetroMod 1D，PetroMod 1D Express)，PetroMod 2D(PetroGen 2D，PetroFlow 2D)和 PetroMod 3D (PetroCharge，PetroGen 3D，PetroFlow 3D)等子系统组成。

(3)Temispack：法国国家石油研究院(IFP)研制(www. beicip. com)，包括 EasyDepth，Locace，Genex，Ceres2D，Temis2D 及 Temis3D 等模拟系统。

2. 盆地模拟模型

(1)埋藏史重建。埋藏史是指盆地的某一沉积单元或一系列单元(层序或地层)自沉积开始至现今或某一地质时期的埋藏深度变化情况,其中包括沉积间断、剥蚀等地质事件。埋藏史是盆地模拟的基础,其研究内容主要有压实作用与孔隙度随深度的变化规律和埋藏史恢复等。

埋藏史恢复包括剥蚀厚度恢复和地层脱压实校正。地层脱压实校正是根据岩层在机械压实过程中骨架颗粒体积不变,地层压实和体积减小是因为孔隙度的减少而引起,且在机械压实过程中,地层的横向宽度保持不变,仅纵向厚度随地层体积的变小而变小,地层压实程度由埋深所决定,具不可逆性,即在埋深不超过最大古埋深时,地层压实程度保持不变。模拟中的地层压实校正模型可采用 Athy(1930)和 Herbert(1936)提出的孔隙度－深度关系方程,认为孔隙度与埋深呈指数关系:

$$\varphi = \varphi_0 \exp(-Cz) \qquad (11-1)$$

式中,$\varphi$ 为深度 $z$ 处的孔隙度,小数;$\varphi_0$ 为地表孔隙度,小数;$C$ 为压实因子;$z$ 为深度(m)。压实系数 $C$ 和地表孔隙度 $\varphi_0$ 与岩性有关。

(2)热史恢复。热史即地层的受热史,包括热流史和地温史。其研究可分别在岩石圈和盆地两种尺度上进行。在盆地尺度上,可利用沉积盆地地层中有机质、矿物、流体等记录的古地温,即古温标或古温度计,反演地层的热历史和盆地热流史,因而叫古温标法。

BasinMod 模拟软件提供了两种热流史的模拟方法,一种是稳态热流模型,即热流是常数,不随时间而变化;另一种是瞬时热流模型,即热流是时间的函数,可选择裂谷热流模型实现瞬时热流模型模拟。今热流可由实测地层温度和地层热导率求得,而古热流可由实测有机质的热成熟度的参数经该软件反演获得。BasinMod 1D 模拟软件中,计算一维瞬时热流模型只考虑热流的垂向传导而不考虑热对流,一维热传导方程为:

$$\frac{\mathrm{d}}{\mathrm{d}z}\left[k\frac{\mathrm{d}T}{\mathrm{d}z}+Q\right]=c\frac{\mathrm{d}T}{\mathrm{d}t} \qquad (11-2)$$

式中,$T$ 为温度(K);$k$ 为岩石热导率(W/m·k);$c$ 为比热(表 5－1);$t$ 为时间(s);$z$ 为深度(m);$Q$ 为热量(J)。

BasinMod 2D 模拟软件中计算二维瞬时热流模型同时考虑了热传导和热对流:

$$c_r\rho_r\frac{\partial T}{\partial t}=\nabla(k\nabla T)-c_w\rho_w\nabla(Tq_w) \qquad (11-3)$$

式中,$T$ 为温度(K);$k$ 为岩石热导率(W/m·k);$c_r$、$c_w$ 分别为岩石和地层水的比热;$\rho_r$、$\rho_w$ 分别为岩石和地层水的密度($\times10^3$ kg/m$^3$);$t$ 为时间(s);$q_w$ 为地层水的流量或达西速度(m/s);$\nabla$为梯度算符。

(3)有机质热演化史模拟。BasinMod 模拟软件中有机质热成熟史的重建是应用 Sweeney 和 Burnham(1990)的镜质体反射率的化学动力学模型计算成熟度随时间的变化。EASY%$R_o$ 模型是 VITRIMAT 模型的一种简化,它基于镜质体化学组分随温度、时间的变化,运用 20 个 Arrhenius 一级平行化学反应模型来计算镜质体反射率,比 Lopatin 的 TTI－$R_o$%模型适用范围更广,可用于 $R_o$ 介于 0.3%～4.5%之间的镜质体反射率计算和不同加热速率的各种地热地质条件。

(4)地层压力演化史模拟。BasinMod 2D 的地压史模拟包括了埋藏压实、热作用、成岩和生烃等的生压机制的模拟，但未考虑构造应力挤压作用，其主要的控制方程为：

$$\varphi\beta\frac{\partial P}{\partial t}=\frac{\partial}{\partial x}\left(\frac{K_x}{\mu}\frac{\partial P}{\partial x}\right)+\frac{\partial}{\partial z}\left(\frac{K_z}{\mu}\frac{\partial P}{\partial z}\right)+\frac{1}{1-\varphi}\frac{\partial\varphi}{\partial t}+\varphi\alpha\frac{\partial T}{\partial t}+Q \qquad (11-4)$$

式中，$P$ 为孔隙流体压力(MPa)；$T$ 为温度(K)；$t$ 为时间(s)；$K_x$ 为 $x$ 方向的渗透率($m^2$)；$K_z$ 为 $z$ 方向的渗透率($m^2$)；$\varphi$ 为孔隙度(%)；$\rho$ 为流体密度($\times10^3$ $kg/m^3$)；$\mu$ 为流体的粘度(Pa·S)；$\alpha$ 为膨胀系数($℃^{-1}$)；$\beta$ 为压缩系数($Pa^{-1}$)。

3. 一维盆地模拟参数选取

单井一维地层埋藏史、热史和成熟生烃史模拟需要选取和输入的参数大致有5大类，共20多个小类，见表11-1。

**表11-1 一维地层埋藏史、热史和成熟生烃史模拟所需输入的各类参数一览表**

| 基础地质类参数 | 岩石物性参数 | 热力学参数 | 地球化学参数 | 标定参数 |
|---|---|---|---|---|
| 地层绝对年龄 | 初始孔隙度 | 今古地表温度 | 有机碳含量 | 温度曲线 |
| 地层厚度 | 岩石密度 | 今古地温梯度 | 干酪根类型 | 成熟度指标 |
| 烃源岩厚度 | 岩石孔隙度 | 今古热流值 | 有机碳恢复系数 | 压实曲线 |
| 地层剥蚀厚度 | 岩石渗透率 | 各类岩性比热 | 生烃动力学参数 | |
| 各类岩性岩百分比 | | 各类岩性热导率 | | |

## 三、实习内容和步骤

(1)复习有关盆地模拟章节的教材内容，学习实习讲义中有关内容，查阅参考文献。

(2)认真阅读表11-2至表11-6所提供的某油区某井的地质资料和数据。

(3)熟悉BasinMod 1D盆地模拟软件，初步掌握一维3史盆地模拟方法和过程，完成实习作业。

## 四、实习要求及作业

(1)根据表11-1至表11-5所提供的某井的地质资料和数据，输入到BasinMod 1D软件的相应表格内，为建立地质模型做准备。

(2)在BasinMod 1D软件中选择埋藏史、热史和成熟生烃史的模拟计算模型和方法。

(3)利用模拟软件计算、反演、拟合得到与标定参数有最佳拟合效果的模拟结果。

(4)根据地质研究和认识，分析和解释模拟结果并输出埋藏史、热史和成熟生烃史成果图件。

(5)完成类似于图11-1至图11-3形式的成果图件和文字小结。

## 五、思考题

1. 地层剥蚀厚度的研究方法主要有哪些？

2. 地史模拟包括哪些方面以及构造沉降史恢复的原理和方法是什么？

3. 在盆地模拟研究中如何能够获得较为符合地质实际的计算结果？

4. 在一维热史模拟中对热传播方式做了哪些简化？

5. 一维、二维和三维模型模拟方法的主要差别是什么？

**表 11－2　某油区某钻井地层表**

| 地层及代号 | | | 底界绝对年龄(Ma) | 底界深度(m) |
|---|---|---|---|---|
| 第四系 | | Q | 1.64 | 200 |
| 新近系 | 独山子组 | $N_2d$ | 23.3 | 1 089 |
| | 塔西河组 | $N_2t$ | | 1 376 |
| | 沙湾组 | $N_1s$ | | 地层剥蚀 300m |
| 古近系 | 安集海河组 | $Ean$ | 65.0 | 2 032 |
| | 紫泥泉子组 | $Ez$ | | 2 457 |
| 白垩系 | 东沟组 | $K_2d$ | 97.0 | 2 981 |
| | 连木沁组 | $K_1l$ | 145.6 | 3 461 |
| | 胜金口组 | $K_1s$ | | 3 597 |
| | 呼图壁组 | $K_1h$ | | 4 243 |
| | 清水河组 | $K_1q$ | | 4 763 |
| 侏罗系 | 齐古组 | $J_3q$ | 157.1 | 地层剥蚀 600m |
| | 头屯河组 | $J_3t_2$ | 166.1 | |
| | | $J_3t_1$ | | |
| | 西山窑组 | $J_2x$ | 178.0 | |
| | 三工河组 | $J_1s_1$ | 194.5 | 4 785 |
| | | $J_1s_2^1$ | | 4 822.5 |
| | | $J_1s_2^2$ | | 4 900.5 |
| | | $J_1s_3$ | | 5 083.5 |
| | 八道湾组 | $J_1b_1$ | 208.0 | 5 430 |
| | | $J_1b_2$ | | 5 780 |
| | | $J_1b_3$ | | 6 252 |
| 三叠系 | 白碱滩组 | $T_3b$ | 235.0 | 6 834 |
| | 克拉玛依组 | $T_2k$ | 241.1 | 7 545 |
| | 白口泉组 | $T_1b$ | 245.0 | 8 033 |
| 二叠系 | 乌尔禾组 | $P_3w$ | 260.0 | 8 843 |
| | 夏子街组 | $P_2x$ | 270.0 | 9 345 |
| | 风城组 | $P_1f$ | 280.0 | 11 676 |

**表 11-3 某油区某钻井实测地温统计表**

| 测点中部深度(m) | 地层代号 | 实测地层温度(℃) | 实测地层压(MPa) |
|---|---|---|---|
| 2 800.00 | $K_2d$ | 73.23 | |
| 3 000.00 | $K_1tg$ | 77.03 | |
| 3 200.00 | $K_1tg$ | 80.93 | |
| 3 400.00 | $K_1tg$ | 84.76 | |
| 3 600.00 | $K_1tg$ | 88.70 | |
| 3 800.00 | $K_1tg$ | 92.43 | |
| 4 000.00 | $K_1tg$ | 96.20 | |
| 4 200.00 | $K_1tg$ | 100.03 | |
| 4 400.00 | $K_1tg$ | 103.99 | |
| 4 600.00 | $K_1tg$ | 108.45 | |
| 4 728.30 | $K_1tg$ | 110.00 | |
| 4 729.18 | $K_1tg$ | 112.00 | 62.19 |
| 4 731.09 | $K_1tg$ | 111.00 | |
| 4 731.98 | $K_1tg$ | 111.00 | |
| 4 736.73 | $K_1tg$ | 113.00 | 62.05 |
| 4 755.78 | $K_1tg$ | 112.00 | |
| 4 756.67 | $K_1tg$ | 112.00 | |
| 5 054.25 | $J_1s_3$ | 120.66 | |
| 6 314.21 | $T_3b$ | 148.38 | |

注:地表温度取12℃;地温梯度为2.1～2.2℃/100m

**表 11-4 某油区某钻井各组地层岩性百分比统计表**

| 层位 | 砂 岩(%) | 粉砂岩(%) | 泥 岩(%) | 煤(%) |
|---|---|---|---|---|
| Q | 55.00 | 5.00 | 40.00 | 0 |
| $N_2d$ | 10.00 | 6.38 | 83.62 | 0 |
| $N_2t$ | 62.72 | 0.00 | 37.28 | 0 |
| E*an* | 5.95 | 8.38 | 85.67 | 0 |
| E*z* | 9.62 | 42.79 | 47.60 | 0 |
| $K_2d$ | 0.00 | 45.11 | 54.89 | 0 |
| $K_1l$ | 0.00 | 18.28 | 81.72 | 0 |
| $K_1s$ | 0.00 | 13.24 | 86.76 | 0 |
| $K_1h$ | 0.00 | 27.09 | 72.91 | 0 |
| $K_1q$ | 0.00 | 19.81 | 80.19 | 0 |
| $J_2x$ | 53.85 | 10.26 | 35.90 | 3.45 |
| $J_1s$ | 4.71 | 23.56 | 71.73 | 2.68 |
| $J_1b$ | 5.84 | 27.18 | 66.98 | 1.92 |
| T | 25.24 | 11.39 | 62.05 | 1.33 |
| P | 30.25 | 16.40 | 53.35 | 0 |

**表 11-5　某油区某钻井实测镜质体反射率统计表**

| 样品深度(m) | 层位 | $R_o$(%) |
|---|---|---|
| 2 970 | $K_1d$ | 0.453 |
| 3 455 | $K_1l$ | 0.516 |
| 3 588 | $K_1s$ | 0.536 |
| 4 239 | $K_1h$ | 0.637 |
| 4 762 | $K_1q$ | 0.731 |
| 5 075 | $J_1s_3$ | 0.785 |
| 6 232 | $J_1b_3$ | 0.992 |
| 8 010 | $T_1b$ | 1.416 |
| 9 323 | $P_2x$ | 1.841 |
| 11 650 | $P_1f$ | 2.935 |

**表 11-6　某油区某钻井主要烃源岩有机碳和干酪根类型资料统计表**

| 烃源岩层 | 地层代号 | 有机碳(%) | 干酪根类型 |
|---|---|---|---|
| 西山窑组 | $J_2x$ | 1.5 | Ⅲ |
| 三工河组 | $J_1s$ | 1.8 | Ⅲ |
| 八道湾组 | $J_1b$ | 2.3 | Ⅲ |
| 乌尔禾组 | $P_3w$ | 1.2 | Ⅱ |
| 夏子街组 | $P_2x$ | 1.0 | Ⅱ |
| 风城组 | $P_1f$ | 1.1 | Ⅱ |

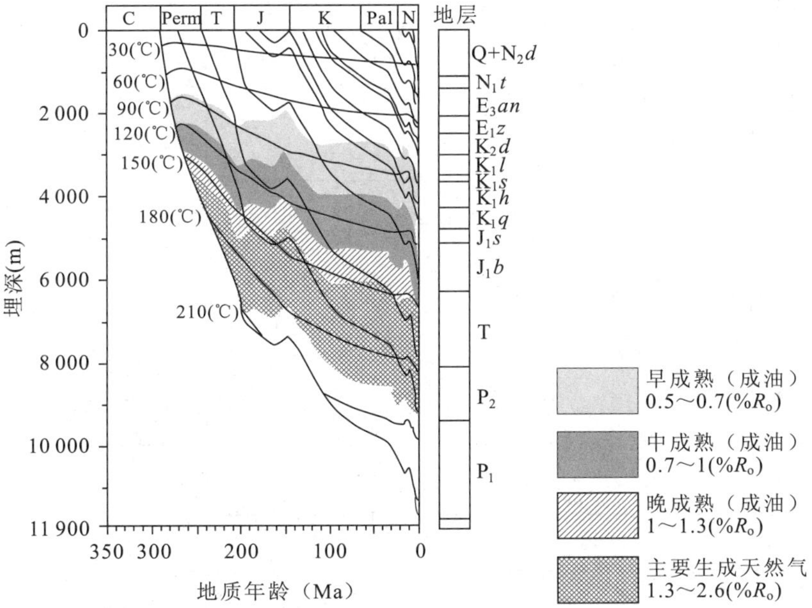


图 11-1　埋藏史、地温史和有机质成熟史模拟结果

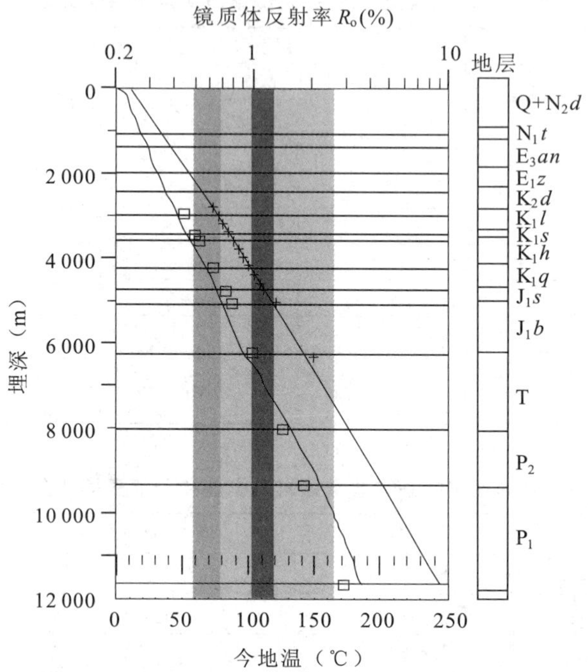


图 11-2 现今地温、有机质成熟度与地层埋深关系模拟结果

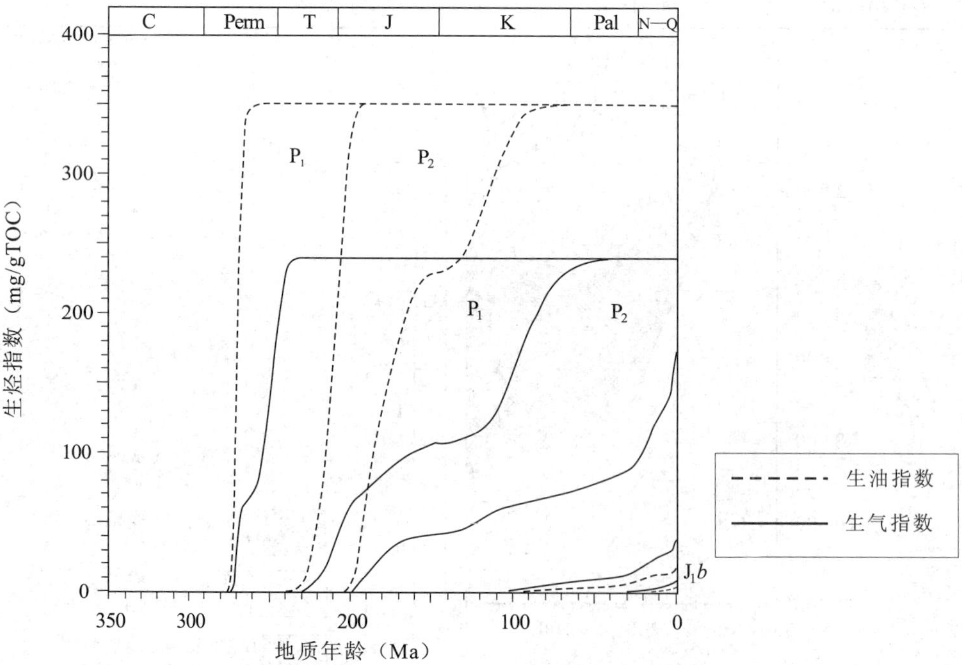


图 11-3 二叠系和侏罗系烃源岩生烃史模拟结果

# 实习 12　油气成藏期研究的理论和方法

## 一、实习目的

油气藏的形成是烃类流体从源岩到圈闭的运、聚过程。分析油气藏形成期次和时间对于准确认识油气藏的形成过程和分布规律、指导油气勘探具有重要的理论意义和实践价值。

本实习要求根据图、表所提供的资料，分析某油气藏的形成期次和形成时间及各期油气形成时期的特征。目的是：①学会应用流体包裹体分析油气成藏期次和成藏时间的一般方法；②理解油气成藏期分析在油气成藏研究中的重要意义。

## 二、油气成藏期分析的理论和方法

油气从烃源岩到圈闭的成藏历史是一个漫长的地质过程。油气成藏的生一储一盖匹配关系是从地质过程和宏观角度研究油气赋存的时一空约束条件（陈红汉，2007）。对于一个含油气系统，其关键时刻是烃源岩的生烃期和成藏期。传统确定油气成藏时期主要是根据构造演化的阶段性分析，结合烃源岩生烃史的方法来确定其油气成藏时期。但这些方法比较粗略，以定性分析为主，缺乏直接测定依据，难以确定叠合盆地多期成藏的时期。20 世纪 80 年代尤其是 90 年代以来，提出和发展了一些新的分析技术和研究方法，特别是随着流体包裹体方法与储集层中自生粘土矿物同位素测年技术的进展，实现了由传统的定性研究向定量或半定量研究的重要转变（赵靖舟等，2002），使较准确确定油气藏形成时间成为可能。

（一）油气藏形成时间的传统确定方法

传统的油气成藏期分析主要从生、储、盖、圈、运、聚、保各项参数有效配置关系，根据构造演化史、圈闭形成史与烃源岩生排烃史定性作出推断，常用的 3 个方法是根据油源岩的主生油期、圈闭形成期、油藏饱和压力分析油气藏形成时期。

1. 根据圈闭形成时间确定油气藏的形成时间

油气藏的形成是油气在圈闭中聚集的结果，只有形成了圈闭，油气才能聚集形成油气藏。因此，可以根据圈闭的形成时间确定油气藏形成的最早时间（张厚福等，1999）。这种方法只能确定油气藏形成时间的上限，实际上无多大意义，特别是当油气成藏的时间与圈闭形成的时间间隔十分大时（岳伏生，2003）。

2. 根据烃源岩的主要排油期确定油气藏的形成时间

生油层达到主生油期时才能大量生成、排出石油，才可能有油气聚集并形成油气藏。因此，烃源岩中油气生成和排出的主要时期就是油气藏形成的最早时间。烃源岩的主要生油期是根据生油岩热模拟实验、干酪根成烃机理，在古地温史、古热流史重建与生油岩埋藏史分析基础上，通过盆地模拟计算有机质的生烃过程、历史和生烃量，主要有烃产率曲线法和化学动力学法两种。

3. 根据油气藏的饱和（或露点）压力确定油气藏的形成时间

该方法的基本依据是认为原油或凝析气自烃源岩中生成排出时就饱含天然气或轻质油。

饱和天然气的石油和饱和轻质油的凝析气沿输导层运移，遇到合适的圈闭便聚集起来形成油气藏。此时，油藏的地层压力与饱和压力相等；因此，由饱和压力推求出油气藏的埋藏深度，其对应的地质时代，即为该油气藏的形成时间。

该方法直接以油气藏为研究对象，因此计算结果比圈闭形成时间法和烃源岩生排烃史法更接近于油藏形成的真正时间。但这种方法仅适用于构造相对稳定、充注期次单一的单旋回盆地，且油气藏无压力异常。而对于叠合盆地而言，由饱和(露点)压力法确定的成藏时间则带有很大的不确定性。这是因为，油气藏形成后，构造运动升降、气体的散失、油气的再充注等都可能改变油气藏中饱和(或露点)压力，影响饱和压力确定的油气藏形成时间的准确性。因此，在应用此方法时，必须充分考虑到各种不利因素的影响，与圈闭形成时间、生油岩最大生排油期等结合使用，才能得出较准确的结果。

4. 构造分析法确定油气藏的形成时间

构造分析法是以含油气盆地分析，油气运、聚机理及烃源岩生烃理论为基础，结合烃源岩生、排烃史，研究构造运动对油气聚、散动平衡的影响。

油气二次运移的重要时期通常出现在主要生油期后的第一期构造运动过程中，该期构造运动使原始地层发生倾斜，甚至褶皱和断裂，破坏了原有的流体势场，使油气在新的势场条件下发生运、聚。因此，研究油气主要运移时期，首先要研究烃源岩生、排油主要时期及该区的主要构造运动历史。

盆地构造分析方法简便、快捷，但相对较粗，不能对油气藏形成期及形成历史进行更为细致的刻画。

(二)基于地球化学和岩石学分析确定油气藏形成时间

油气藏的形成时间就是油气进入圈闭储层中的时间。储层的成岩作用从一有沉积作用就开始了，并贯穿整个埋藏过程的始终。在此过程中，各类成岩矿物的生成作用是有相对时序的，并受成岩介质环境的影响。当油气进入储层后改变了储层成岩环境，必然影响成岩矿物的形成及成岩作用的发生，因而就改变矿物形成序列。因此，成岩矿物可作为油气成藏的记录，通过详细的成岩作用研究，根据矿物形成序次、流体包裹体测温、自生矿物测年技术等，比较精确地确定油气藏形成时间。

1. 根据储层成岩事件及自生矿物生成序列确定油气藏的形成时间

地层水与岩石矿物的相互作用是储层成岩作用的主要方式，也是储层胶结物或自生矿物形成的主要途径。孔隙流体的流动对成岩过程起关键作用(Lynch *et al.*, 1996)。油气在进入储层后会导致储层发生一系列有机质参与下的有机-无机成岩作用，从而留下油气运移的岩石学记录，如：酸性油气流体对储层的溶蚀，自生矿物及流体包裹体的形成。

烃类流体充注储层逐渐驱替原始地层水的过程中，随着含油气饱和度增加，石油在储集层的聚集就会改变孔隙水的化学组成，导致孔隙水中无机离子浓度降低(Surdam *et al.*, 1989)，并直接通过碳酸盐胶结作用或间接改变孔隙水 pH 值或通过烃类流体部分替换孔隙水而阻碍了矿物-离子之间的质量传递，从而抑制了自生矿物的形成以及矿物的交代和转化(张枝焕等，1998)。Saigal *et al.*(1992)以北海中部上侏罗统 Fulmar 砂岩储层为例，分析了烃类流体侵入对储层成岩作用的影响：油气侵入后，储层中石英次生加大仍继续，但明显受到抑制，自生伊利石的形成、钾长石的钠长石化等则被中止；因此，从油气层到水层次生石英数量明显增加(Saigal *et al.*, 1992; Nedkvitne *et al.*, 1993)。Marchand *et al.*(2001、2002、2003,)认为烃类的充注能够阻止石英的胶结作用，并得出这样的结论：温度达到 120℃时，油层与水层相比，烃类充注导致油层中石英沉淀速率至少比水层减少两个数量级，也就是说烃类流体的充注有效地阻止了石英的胶结作用。他们研究了 Miller 油田和 Kingfisher 油田的砂岩储层后，发现油水界面上、下石英的胶结情况存在差别，油层与水层相比，石英的沉淀速率和石英胶结物丰度明显降低，储层岩石孔隙度明显增大。

如果储层的含油饱和度很高，成岩体系与外界完全隔绝，没有与外界进行离子交换，化学平衡不易被打破。在这种情况下，石英的次生加大作用将很弱或根本不发生，即烃类流体的充注抑制或阻碍了成岩作用。但在地质条件下，一般情况成岩体系与外界不可能完全隔绝，体系外部与内部地层水与地层水之间、地层水与烃类流体之间存在着离子或分子交换，外界淡水的注入将携带喜氧细菌，使最早充注到储层砂岩中的原油发生生物降解作用，产生有机酸，促使石英和钾长石等矿物发生溶解，提供了加大作用所需的 $SiO_2$，并导致次生孔隙的发育和沥青沉淀。原油充注后，成岩环境仍有 $SiO_2$ 的补给，因而未能阻止石英的次生加大作用(蔡春芳等，2001)。

因此，油气多期运移成藏过程中，通过与地层水以及围岩矿物的相互作用，可以在储层胶结物、成岩矿物次生加大和裂缝充填物中形成流体包裹体。流体包裹体的产状与分布特征记录了烃类流体注入的历史。通过研究油气藏中油气层至水层的成岩矿物生成序次和其中的流体包裹体的特征，可以推测油气成藏史。

2. 运用储集层固体沥青分析技术确定油气藏的形成时间

储层固体沥青可视作一类特殊的"成岩矿物"，它是油藏中石油蚀变的产物，纪录了油藏被改造、破坏的信息。固体沥青反射率反映了烃类流体转变为固体沥青后所经历的热历史，从储层固体沥青反射率、沥青反射率化学反应动力学，结合储层埋藏史和热演化史定量分析，可确定油藏破坏时间。对固体烃类有机岩石学和有机地球化学的分析可提供油气藏被改造、破坏的信息。

同时固体沥青中通常含有一定数量的铀矿物，利用同位素地质年代法(如 U－Pb 法)可确定固体沥青的绝对地质年龄。

3. 应用油气藏地球化学方法确定油气藏的形成时间

油气藏内烃类流体的非均质性包括成熟度差异是成藏史或充注史的重要反映(England *et al*.，1987、1989)。根据油气藏地球化学描述认识油藏非均质性，从油藏非均质性推断储层中烃类流体充注史，判断烃类注入方向和时间。分析油水界面的位置及其变迁史，阐明油气藏的演化史。

油藏内部存在的石油组成的变化，一般认为是由于生物降解和水洗等地球化学作用或重力分异作用所致。近来，国外许多学者认为，除上述因素外，油藏中石油组成的非均质性可能是烃源岩有机相和成熟度不同而造成的(Lythaeuser *et al*.，1989；Larter *et al*.，1994)。由于储集层中不同原油之间的混合过程缓慢，它们的组成的不同性可被保存下来，通过油藏剖面上原油宏观和分子组成非均质性的系统研究，可确定原油运移途径和成藏机制，并以此判断原油区及烃源岩有机质的类型和成熟度。

油藏地球化学方法在成藏年代标定方面则主要以相应源岩的生排烃史为依据，或者尚需借助其它方法。油藏地球化学本身并不具有定年作用，它只能给出大致的成藏时间。更重要的是，由于油气藏的非均质性除了受充注历史影响外，地质色层效应、后期次生变化等也都可能对其构成重要影响，而且烃类成熟度或组分的差异也并不总是反映充注时间的差异性或多期性，处于同一生烃盆地不同部位(斜坡与盆地中心)的烃源岩同样可以在同一阶段内提供不同成熟度与不同组分的油气。因此，在进行成藏年代以及成藏史研究时，油藏地球化学方法还需与其它方法结合起来运用。

4. 有机流体包裹体测试技术确定油气成藏时间

有机流体包裹体是油气生成运移和聚集过程中因晶体生长机制、生长速度或某(些)组分浓度发生变化、亦或多相界面相互作用等因素的影响而被捕获在自生矿物、胶结物、矿物次生加大边和愈合裂隙中的含烃流体，是记录盆地油气藏形成时古流体信息的“原始样品”(张文淮等，1993；卢焕章等，2004)。这些“原始样品”在绝大多数情况下(除少数强烈破坏引起爆裂、泄漏外)，不因后期油气的继承性活动的叠加改造而消失，在这些保存至今的油气生、运、聚、散各阶段不可多得的“原始样品”中，含有丰富的油气成藏信息(刘斌等，1998)。

目前，在油气成藏史研究方面，流体包裹体的应用主要有3方面：一是烃类包裹体的形成世代，代表了油气充注的期次；二是烃类流体包裹体的均一温度，记录了油气充注时储集层的古地温，通过热史和储集层埋藏史的恢复即可确定包裹体形成时的埋藏深度，其对应的地层时代即是油气藏的成藏年代；三是烃类包裹体的成分，可以反映油气注入时的地球化学特点和相态特点。

与有机包裹体同期的盐水包裹体的均一化温度是包裹体技术确定成藏期次的主要依据。首先依据宿主矿物的产状和成岩序次、裂缝切割序次关系等，研究不同的成岩矿物特征、生长世代(序次)，如胶结期次、次生加大、缝洞充填情况及其空间展布关系等；针对不同世代矿物进行详细的油气包裹体鉴别，划分油气包裹体世代；对于碎屑岩，成岩作用除了早成岩阶段隐晶质的化学胶结物外，从早到晚通常形成微一细晶方解石胶结、石英及长石次生加大、亮晶及连晶方解石胶结或亮晶石英胶结、裂隙或次生孔洞矿物充填等成岩矿物世代；对于碳酸岩盐，成岩作用通常包括早期重结晶晶粒、早期胶结或矿物次生加大、晚期亮晶(-连晶)胶结、多期次的缝(-洞)发育充填等矿物形成过程。在此基础上，综合应用烃类包裹体(油包裹体、含溶解轻烃盐水包裹体)的各项特征(如：产状、荧光颜色、均一温度以及与烃类包裹体同期的盐水包裹体均一温度、盐度等)划分油气充注期次及其相对序次；再将给定今埋深样品的各期次盐水包裹体平均均一温度“投影”到标有等温线的埋藏史图上，对应于时间轴上的年龄即代表油气充注储层的年龄。这是当前应用最多、也最为简便的一种确定油气成藏年龄的方法。

然而，该方法存在诸多不确定性(Eadington *et al.*, 1991；肖贤明等，2002；李荣西等，2006)：①埋藏史图等温线需要预先获得古地温梯度；②剥蚀厚度恢复极大地影响到埋藏史精度；③储层中流体包裹体均一温度记录的是热流体“瞬间”温度，此温度常常高于储层在传导型温度场下的“背景”温度，由此造成“投影”获得的年龄偏年轻；对于那些发生穿层流体流动的地区，由于盐水包裹体均一温度远远高于埋藏史图上标注的最高温度，从而造成不能运用此方法获取油气充注年龄。

另外，流体包裹体的同位素测年技术在热液金属矿床的成矿年代学研究中目前已得到广泛应用，但在烃类流体包裹体研究方面则还很少报导。由于同位素年龄测定是了解成藏年代最直接的手段，探讨油气包裹体的同位素测年问题也将是今后包裹体定年研究的重要问题。

5. 成岩矿物同位素年龄测定确定油气藏形成时间

储集层成岩作用过程中会形成多种自生矿物，其中存在多种放射性同位素。自生矿物形成以后，放射性同位素组成会不断发生变化，形成自然的衰变体系。利用自生成岩矿物的同位素衰变特征可确定成岩矿物的形成时间，进而确定油气藏的形成时间。

(1)自生伊利石 K－Ar 和 Ar－Ar 定年法。目前国内外在油气藏形成年代的同位素测年研究方面，主要运用油气储集层中自生伊利石矿物的 K－Ar 测年技术。其主要依据是：储集层中伊利石的形成需要富钾的水介质环境，当油气进入储集层并使得储集层达到较高的含油饱和度后，伊利石的形成便会终止，因此可以利用储集层中自生伊利石的最新年龄来确定油气藏的形成年龄（Hamilton *et al.*，1987、1989、1992；Saigal，1993；Hogg，1993）。含油气储层中自生伊利石 K－Ar 定年确定油气成藏年龄基于以下两个假设条件：①自生伊利石沉淀之后钾和氩保持封闭体系，即没有钾和氩的加入，也没有钾和氩的逃逸；②油气进入储层之后，伊利石沉淀便会终止，由此获得的年龄为油气成藏的最早年龄（陈红汉，2007）。

国外在 20 世纪 80 年代发展了该技术，并成功地应用于北海油田的成藏年龄确定（Lee *et al.*，1985；Hamilton *et al.*，1987、1989、1992；Saigal，1993；Hogg，1993）；国内从 20 世纪 90 年代开始运用此方法测定油气储层中自生伊利石年龄，获得了较好的应用效果（王飞宇等，1997、1998；辛仁臣等，2000；赵靖舟等，2002；张有瑜等，2002、2004）。

随着研究的深入，K－Ar 定年在油气成藏时期确定中也存在不少问题，主要有：①影响因素较多，除了陆源碎屑钾长石、碎屑伊利石外，绿泥石、高岭石、吸附可交换性 $K^{+}$ 离子、孔隙流体的 $^{40}Ar/^{39}Ar$ 比值等均可能会对自生伊利石的 K－Ar 体系产生较为明显的影响，并导致明显不合理的或不具有准确地质意义的年龄结果；②油气注入只是引起储层部分砂岩自生伊利石生长作用终止（Karlsen *et al.*，1993），因而自生伊利石 K－Ar 同位素年龄具有较强的多解性，使得该项技术无论在其适用范围上还是在应用效果上均具有一定的局限性（张有瑜等，2002）。因此，这种方法在油气成藏期研究中的应用还有待进一步探讨。

与自生伊利石 K－Ar 定年法相比，自生伊利石 Ar－Ar 法定年表现出的优势体现在：①精度提高，因为 $^{40}Ar/^{39}Ar$ 法的测试全部在高精度的质谱计上进行，而 K－Ar 法测 K 时是在原子吸收计上进行，K 和 Ar 的样品用的是不同的缩分，无法排除样品分布的不均；②样品用量减少，因为对于碎屑储层来说，充填在孔隙中的粘土矿物是相当少的，自生伊利石的量更少，如果只有少量的岩心就无法满足 K－Ar 法的用量；③$^{40}Ar/^{39}Ar$ 法能提供更加丰富的信息，包括矿物的缺陷、伊利石生长的多期性、受热历史等关于矿物结晶和埋藏史方面的信息。但是该法也存在一些技术难题，因为该方法需要进行核照射，需要解决核照射带来的问题，如 Ar 原子反冲丢失、实验测试周期显著加长、粉末样品的包装和放射性安全等问题（邱华宁等，1997、2006；王龙樟等，2004、2005）。

原则上讲，含钾矿物均可以作为 K－Ar 定年的测定对象。因此，沉积岩中适合于测定的对象很多，如云母类、长石类、海绿石、伊利石等。但是，由于埋藏成岩作用的改造，一些含钾矿物形成以后，钾和氩的封闭体系往往被破坏，不适宜用于定年（陈红汉，2007）。自生伊利石K－Ar 同位素年龄具有较强的多解性，使得该项技术具有较强的探索性，因而无论在其适用范围上还是在应用效果上均具有一定的局限性（张有瑜等，2002）。

(2)自生钾长石激光微区探针 $^{40}Ar-^{39}Ar$ 定年法。最近十多年来，激光微区探针技术引入 $^{40}Ar-^{39}Ar$ 定年，被应用于自生白云母、自生伊利石和钾长石次生加大边的定年（陈文等，1994；穆治国等，2001、2003），将极大地推动油气成藏年代学的研究。特别是随着配备电子倍增器的高灵敏度质谱仪（如 MM－1200 和 MM－3600）的问世和小型化激光纯化系统的建立，可实施成岩矿物的微区、微量分析，为油气成藏年代学的发展奠定了基础。

Mark 等（2005）在前人成熟的钾长石 Ar－Ar 法定年（Lovera *et al.*，1989；Mc Dougall *et al.*，1999；Warnock *et al.*，1999；Sherlock *et al.*，2005）基础之上，提出了流体包裹体分析与自生钾长石 Ar－Ar 定年相结合的方法，由此获得的温度-组分-时间（$T-X-t$）数据能够有效约束不同期次、不同组分流体流动的时间（Mark *et al.*，2005、2006），从而实现了不同期次油包裹体的精确定年。

需要指出的是，尽管 $^{40}Ar-^{39}Ar$ 法克服了常规 K－Ar 法的许多缺点，但要获得一条极其平坦的 $^{40}Ar-^{39}Ar$ 曲线并不容易。测试时，除了需要找到发育捕获油包裹体的自生钾长石之外，更为重要的是要注意在后期成岩过程中，钾长石加大边中的 K 是否发生流失（Mark *et al.*，2006）。另外，该方法因需要中子活化，测试周期一般需要 1 年左右，成本也很高，这都在一定程度上影响其推广（陈红汉，2007）。

6. 油储磁性矿物古地磁学分析

由于认识到磁铁矿的形成与烃类运移聚集的相关关系，近 10 年来，运用古地磁学方法限定油气运聚时间上作了许多研究，其基本思路是储集层中烃类流体充注引起磁铁矿和磁黄铁矿沉淀，通过对储层自生磁性矿物的古地磁学分析，结合地磁极性年代表，可界定烃类流体的运聚时间。油藏中磁铁矿形成的地球化学过程可能与微生物作用有关，油藏抬升氧化条件可引起次生赤铁矿形成，而磁铁矿和磁黄铁矿沉淀作用基本中止，因此，应用古地磁学方法测量每一个矿物相不仅可确定石油运聚的时间，也可分析运聚作用持续时间。

在应用古地磁学方法厘定石油运聚期前提条件是必须了解储层中磁性矿物（磁铁矿、磁黄铁矿、赤铁矿等）成因与烃类流体运聚的相关关系，许多情况下，储层中磁性矿物的形成并非是烃类流体充注引起，而是热水流体引起，因此储层磁性矿物古地磁学的研究更多是的反映古代流体流动事件时限。

7. 油田卤水碘同位素定年

20 世纪 90 年代以来，国际上从油田卤水定年分析石油和地下水时代关系领域作了一些研究，这方面的研究对追溯烃类流体运移聚集史具重要意义，油田卤水中含有较高丰度的碘同位素 $^{129}I$，其丰度要高于海水。Fuhn 等（1992）认为这种同位素是烃类成熟过程从有机质释放出来，由于碘同位素半衰期为 15.7Ma，$^{129}I/^{total}I$ 比值用于 80Ma 这一地质时间范围的定年分析，尽管这种定年分析的精确度不够高，但对油气成藏时间仍能提供十分有价值的证据。Moran 等（1995）对墨西哥湾海岸盆地的分析表明，油田卤水的地质年龄明显著高于宿主岩的地质时代，反映卤水来源于深部更古老地层，垂向运移至较浅部聚集。地下水是烃类运移和聚集的载体和动力，因此，油田卤水的运聚作用提示了烃类流体的运聚方式。油田卤水定年技术的进一步发展，可获得地下流体的驻留时间和烃类从卤化源岩排烃的时间，利用油田卤水碘同位素定年确定热流体活动时间。

综上分析，尽管目前国内外在油气成藏年代研究方面已取得了不少进展，形成了多种研究方法和技术，但由于油气藏形成的复杂性，在进行成藏年代研究时，尚需要采用多种方法相互验证、综合分析，才能得出合理的准确的成藏年龄，特别是叠合盆地的成藏年代学研究，不仅需要多学科的交叉、渗透，而且依赖于集成性的高科技手段和大量的实践。基于放射性同位素地球化学直接测年、激光微区微量纯化系统和高精度的质谱仪的应用，代表了油气成藏年代学发展方向。

## 三、实习内容和步骤及作业

（1）根据某钻井剖面（表 12－1）建立地质模型，在标准计算纸上以纵坐标为深度，选择

1：40 000的比例尺，横坐标为时间，将沙二段储集层（$E_2s_2$）、沙三段（$E_2s_3$）生油层的顶、底界面，依次随各地质时代用折线连接埋深，即做成生油层的埋藏史图，参考图 12－1。

（2）假定现代与古代恒温层温度和地温梯度相同，以 10℃为温度间隔在埋藏史图上勾绘等温线。

应指出的是，在地层时代较新，连续沉积的地区，地模的建立较容易且可靠。但在具较复杂的地质发育史的地区，地层剥蚀厚度的求取和古地温的恢复相当困难，又是极其重要的探索性的工作，它直接影响到地质模型的可信度。

（3）根据表 12－2 所提供的数据，划分油气充注期次，并在埋藏史图上确定不同期次油气充注的时间，填入作业表 12－1。

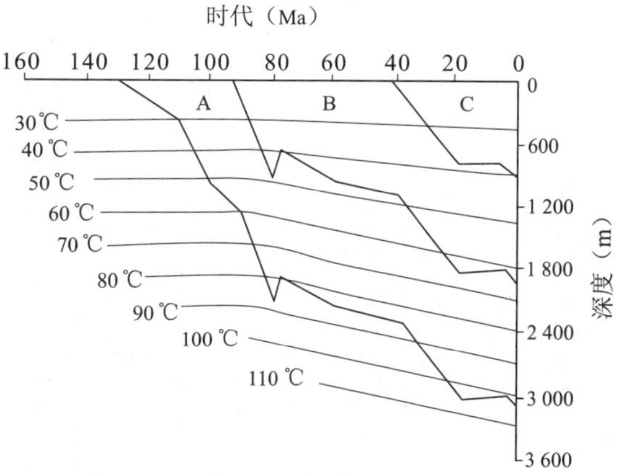

图 12－1　A、B、C 层地质模型图（据 Waples，1980）

**表 12－1　某钻井剖面及岩性特征**

| 地层系统 | | | | | | | | 岩性特征 |
|---|---|---|---|---|---|---|---|---|
| 系 | 统 | 组 | 段 | 代号 | 距今年代（Ma） | 地震层序 | 井深（m） | |
| 第四系 | | 平原组 | | $Q_p$ | 2 | | 432 | 粘土、砂质粘土与松散砂层互层 |
| 新近系 | 上新统 | 明化镇组 | | $N_2m$ | 11 | $T_0$ | 1 022 | 灰绿色、棕红色泥岩与砂岩互层 |
| | 中新统 | 馆陶组 | | $N_1g$ | | | 1 353 | 巨厚块状砂砾岩，含砾砂岩及砂岩不等厚互层，间夹灰绿、棕红色泥岩 |
| | | 剥蚀期 | | | 17 | $T_2$ | | 地层剥蚀厚度 900m |
| 古近系 | 渐新统 | 东营组 | 上段 | $E_3d_1$ | 25<br>29 | $T_3^{上}$ | 2 232 | 灰一灰绿色泥岩为主夹少量砂岩 |
| | | | 下段 | $E_3d_2$ | 33<br>35 | $T_4$ | 3 350 | 深灰色泥岩为主夹少量砂岩 |
| | | 沙河街组 | 一段 | $E_3s_1$ | 38 | $T_5$ | 3 650 | 灰色泥岩、生物灰岩及少量砂岩 |
| | | | 二段 | $E_3s_2$ | 45 | $T_7$ | 4 075 | 灰绿一褐灰色泥岩与灰白色砂岩、含砾砂岩互层 |
| | 始新统 | | 三段 | $E_2s_3$ | 50<br>55 | | 4 575 | 深灰色泥岩为主，局部夹砂岩 |
| | | | 四段 | $E_2s_4$ | 65 | $T_8$ | 5 424 | 灰色泥岩夹薄层砂岩、白云岩、白云质灰岩 |
| | 古新统 | 孔店组 | | $E_{1-2}k$ | | | 5 783 | 棕褐色，暗紫红色泥岩夹砂岩 |
| 前第三系 | | | | | | | | 基底 |

表 12-2 某钻井沙 2 段砂岩储层流体包裹体特征

| 井深(m) | 产状 | 烃类包裹体主要类型 | 烃类包裹体颜色 | 与烃类包裹体共生的盐水包裹体均一温度(℃) |
| --- | --- | --- | --- | --- |
| 3 900 | 石英次生加大边 | OL、VOL、OV | 浅黄 | 115、118、119、121、123、125、127 |
| | 次生裂纹 | OL、VOL、OV、AS | 褐色 | 132、134、136、137、142、145、148 |
| 3 905 | 自生方解石 | OL、VOL | 棕色 | 87、90、93、95、100、103、105、108 |
| | 石英次生加大边 | OL、VOL、OV | 浅黄 | 112、114、118、120、124、125 |
| | 次生裂纹 | OL、VOL、OV、AS | 灰色、无色 | 135、138、140、142、144、147 |
| 3 908 | 自生方解石 | OL、VOL | 棕色、褐色 | 88、91、94、97、101、104、107 |
| | 石英次生加大边 | OL、VOL、OV | 浅黄 | 115、118、120、121、122、124、126 |
| | 次生裂纹 | OL、VOL、OV、AS | 灰色、无色 | 131、135、137、140、142、145 |

备注:OL 为油包裹体;OV 为气包裹体;VOL 为气液包裹体;AS 为固体沥青包裹体。

作业表 12-1 某钻井沙二 2 段某油藏砂岩储层油气充注期次与时间确定

| 井深(m) | 期次 | 主要产状 | 成藏时间(Ma) | 该油藏成藏特征小结 |
| --- | --- | --- | --- | --- |
| 3 900 | | | | |
| | | | | |
| | | | | |
| 3 905 | | | | |
| | | | | |
| | | | | |
| 3 908 | | | | |
| | | | | |
| | | | | |

## 四、思考题

1. 影响有机流体包裹体确定油气成藏期次和时间的主要影响因素有哪些?

2. 对于经历了多期构造运动、多期成藏的含油气盆地,能够利用有机流体包裹体确定油气成藏期次吗?为什么?

# 实习 13　砂岩储集岩成岩作用及其对储集物性和孔隙结构的影响

## 一、实习目的

碎屑岩沉积物在沉积之后便进入埋藏成岩演化阶段，该演化阶段会一直持续到岩石变质作用发生之前，这一阶段内沉积物所发生的各种物理和化学作用就是成岩作用。砂岩储集层是我国含油气盆地中的重要储集层，其成岩后生作用经历的时间比沉积作用要长得多。在漫长地质历史时期，随着沉积岩埋深增加，上覆地层负载、地温、地下水化学环境等因素发生变化，而引起一系列成岩后生作用，这些成岩作用不同程度地对原始沉积的砂岩储集物进行改造，其结果是使砂岩储集岩在中深部地层中仍保持较高的储集物性（或产生裂缝和溶孔），或者储集性能变差，成为低渗透储集层。研究砂岩储集岩的成岩作用就是研究砂岩储集层聚集油气的孔隙空间的形成和演化过程。本次实习的目的：①观察了解砂岩储集岩的各种成岩作用特征；②分析各种成岩作用对砂岩储集物性和结构的影响。

## 二、相关理论和方法

（一）成岩作用类型判断

（1）在上覆沉积物和水体静压力或构造变形压力的作用下，沉积物减小其孔隙空间和总体积而变得致密的作用称为压实作用。如果压实是由砂粒滑动、转动、位移、变形、破裂等物理作用引起的称为机械压实作用（简称压实作用），如果压实是由砂粒接触部位发生溶解、嵌合引起的称为压溶作用。

砂岩的压实程度可以由碎屑颗粒的接触关系反映出来，从悬浮型→点接触→线接触→凹凸接触→缝合线接触，压实程度逐步增强（图 13-1）；压实作用还使得泥页岩岩屑、云母等弯曲变形；石英等刚性颗粒的定向排列或颗粒破碎也表明较强的压实程度。压溶作用一般发生在机械压实达到一定程度之后，颗粒接触位置上晶格变形和溶解，在石英和碳酸盐岩中较常见。石英颗粒的压溶，会造成石英颗粒之间相互穿插，导致颗粒线接触、凹凸接触以及缝合线接触。

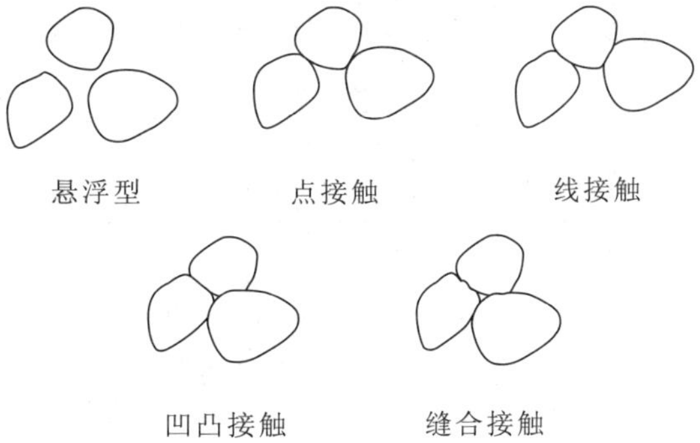

图 13-1　碎屑颗粒接触类型

（2）胶结作用是砂岩中碎屑颗粒相互联接的过程，常见的碎屑岩胶结物主要有碳酸盐、粘土、铁质以及二氧化硅，胶结类型根据胶结物含量从高到低可以分为基底式、孔隙式、接触式、镶嵌式（图 13-2），而粘土矿物有其自生的产状，包括分散质点式、薄膜式和搭桥式（图 13-3）。

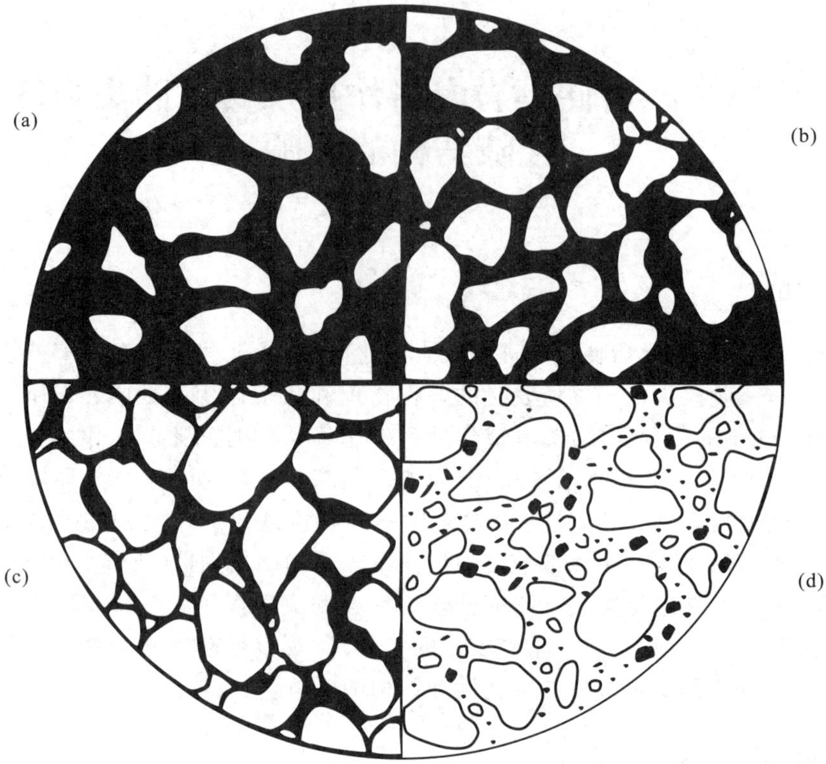


图 13-2　不同含量的胶结物的胶结方式

a. 基底式胶结；b. 孔隙式胶结；c. 接触式胶结；d. 镶嵌式胶结

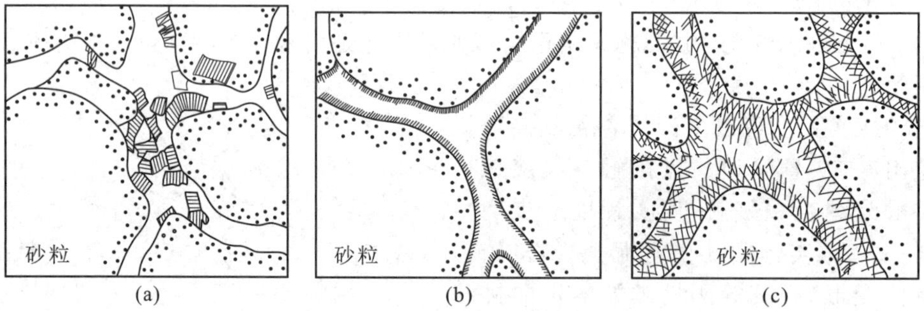


图 13-3　黏土矿物胶结方式

a. 分散质点式胶结；b. 薄膜式胶结；c. 搭桥式胶结

石英和长石新生成的胶结物主要以次生加大的形式表现出来（图 13-4），不同形态的加大边可以反映不同程度的胶结作用。砂岩地层中石英的胶结强度受控于多种地质因素，一般来讲，随埋深增加，石英胶结程度增强，而且古老的岩层中石英胶结物相对发育，岩石的结构成熟度和成分成熟度高的砂岩中硅质胶结物较多。但是颗粒表面的粘土膜和烃类流体的注入会阻碍石英胶结物的发育。另外，异常高压带内的岩层中，石英次生加大的程度可能会变慢或停止。

（3）在地下深处由于孔隙水成分变化，导致岩石成分的溶解。受地层流体性质和孔隙结构的影响，部分物质可完全溶解，部分可局部溶解。现已发现的可溶解的物质包括碎屑颗粒和自生矿物两大类。碎屑颗粒的溶解主要是长石、岩屑、盆内碎屑、云母等颗粒的溶解，自生矿物溶解时自生胶结物或交代物发生溶解，其中碳酸盐胶结物的溶解是最普遍、最重要的溶解作用。矿物的溶解不会是物质的消失，只是物质的转移，表现形式有3种：一是位置转移，即某一层段的矿物溶解，在另一层段内该矿物会重新沉淀（如碳酸盐胶结物）；二是成分转移，即一种矿物溶解伴生有一种或多种矿物的重新沉淀（如长石溶解）；三是化学转移，即矿物溶解后，无新生成矿物，游离的离子在水介质中存在，改变介质化学性质。

图13－4　石英次生加大发育程度图

（二）成岩作用对物性的影响

（1）正常压实条件下，孔隙度与深度之间常常有负相关关系，Smith(1984)等通过圣路易斯安娜州南部中新统砂岩的研究，认为孔隙度降低的总量1/3左右是由机械压实造成的。但对石英砂岩来讲，机械压实会降13％～16％的孔隙度（朱国华，1992）；对岩屑砂岩来讲，机械压实可降低28％左右的孔隙度（姚光庆，1993）。压溶作用是指发生在颗粒接触点上，造成颗粒间互相嵌入的凹凸接触和缝合线，导致颗粒接触更紧密。但是，在欠压实或压实不平衡状态下，超压可以支撑部分上覆岩体的荷重，在相同深度段内，由于静岩压力保持不变，所以作用于岩石颗粒之上的有效应力降低，阻碍了压溶作用的进行；同时超压支撑了部分上覆岩体的载荷，减缓了机械压实作用，保持了较高的原生孔隙。姜洪启(1993)、朱国华(1994)通过研究指出地温场和埋藏史控制了成岩和孔隙演化，认为温度是控制成岩和孔隙演化最主要的因素。寿建峰(1998)通过对地温场与成岩作用的关系研究表明，在埋藏热效应成岩作用中，由盆地的地温梯度引起的热效应压实作用的减孔率要显著于由上覆岩石载荷引起的机械压实作用。除了温度因素以外，地温梯度也影响着砂岩的压实速率或孔隙度的减小速率。在相同地层温度下，不同地温梯度地区的砂岩压实速率是有变化的，高地温梯度地区的砂岩压实速率要高于低地温梯度地区。

（2）一般说来，泥质、钙一泥质胶结的岩石较疏松，储集物性较好；纯钙质、硅质或铁质胶结的岩石较致密，储集物性较差。胶结物含量高的储层，粒间孔隙多被充填，使孔隙减少，连通性变差，储集物性变坏；反之，储集物性较好。因此，接触式、接触-孔隙式胶结的岩石储集物性比基底式或孔隙-基底式胶结的岩石好。碳酸盐和硅质胶结物一直被认为是对储层起化学致密胶结作用，但是从另一个角度来看，早期发育的微晶碳酸盐和微晶石英可以增强颗粒的抗压实能力，承担一部分上覆地层压力，减弱或减缓压实压溶作用对储层孔隙的破坏。自生粘土矿物的分散质点胶结方式对砂岩储集物性和孔隙结构破坏相对较小，而搭桥式的破坏性最大。薄膜式胶结的粘土具有抑制石英、长石次生加大以及抑制压实和压溶作用进行的重要作用，研究表明对储层物性起保护作用。当粘土含量过多，并呈密集型形态充填于碎屑颗粒间的时候，则会大大降低或破坏碎屑颗粒之间的原生孔隙。

(3)在地下深处由于孔隙水成分变化，导致岩石颗粒或胶结物的溶解，形成次生溶蚀孔隙使孔隙度增大。目前认为，矿物溶解时在碳酸和有机酸作用下水岩相互作用发生。酸性水介质包括浅层大气水和深层地层水，大气水中溶解有大量的$CO_2$，易于溶解碳酸盐矿物和长石类物质产生次生孔隙，有机酸是由于有机质在成岩过程中脱羧形成的，使得碳酸盐、铝硅酸盐等物质溶解产生次生溶蚀孔隙。这种次生溶蚀孔隙对改善储层物性的重要性近来受到愈来愈多的重视，更为重要的是溶解作用形成的次生孔隙发育带位于较深层时，对改善深部储层质量是至关重要的。但是，矿物溶解产生次生孔隙的同时，也会在其它位置或原地产生一些副产物而堵塞部分孔隙，如长石溶蚀会伴生高岭石和石英的沉淀，一方面可能会减少原生孔隙，另一方面会降低渗透性，增加孔隙结构的非均质性。

## 三、实习内容和要求及作业

### (一)镜下观察砂岩成岩作用类型

(1)观察压实压溶作用的镜下特征，判断薄片中砂岩压实压溶作用的强弱。认识砂岩颗粒的成分、粒度、分选以及颗粒排列方式对压实压溶作用的影响。

(2)根据镜下各矿物的基本特征识别砂岩中胶结物的成分和胶结类型，同时根据不同胶结物的接触关系判断各胶结物的胶结世代。

(3)通过薄片中颗粒或填隙物的边缘形态或就近沉淀的物质，判断溶解作用所溶解的物质、溶解作用程度的强弱以及溶解反应条件和过程。

在观察砂岩中的压实压溶作用、胶结作用、溶解作用的本质特征的基础上，分析适合各成岩作用发生的地质条件以及成岩作用发生的阶段。

### (二)砂岩成岩作用对物性和孔隙结构的影响

观察砂岩中的不同程度的压实压溶作用、胶结作用、溶解作用对储集层物性和孔隙结构的影响。

1.压实压溶作用

定性描述不同埋藏深度下岩石薄片中压实压溶作用的程度，估计相应薄片中的面孔率，观察孔隙和喉道的大小、连通性、孔隙结构，根据作业表13-1中的数据完成深度与孔隙度和渗透率的关系图(作业图13-1、作业图13-2)，其中深度、孔隙度用算术轴，渗透率用对数轴，并分析压实压溶作用对储层物性的影响。

2.胶结作用

观察不同程度的胶结作用、不同胶结物成分的岩石薄片，估计薄片中胶结物的含量以及面孔率，判断胶结作用类型，分析不同类型、不同含量、不同成分的胶结作用与面孔率之间的关系。根据作业表13-1中的数据，完成高岭石、绿泥石和碳酸盐3种胶结物的含量与孔隙度和渗透率的关系图(作业图13-3、作业图13-4)，高岭石、绿泥石和碳酸盐胶结物的含量以及孔隙度用算术轴，渗透率用对数轴，并分析不同胶结物、不同类型的胶结方式对储层物性的影响。

3.溶解作用

根据深度与孔隙度的关系图，分析孔隙度异常发育的深度段内主要的成岩作用类型以及相对较高孔隙度发育的原因。

将以上分析结果填入作业表13-2。

## 四、思考题

1. 砂岩成岩作用过程和成岩作用阶段划分依据是什么？

2. 为什么有些地区砂岩在深埋（＞3 500～4 000m）作用下孔隙度仍可保持在 10％～20％？

**作业表 13－1　碎屑岩储集层的物性及胶结物成分**

| 深度(m) | 孔隙度(％) | 渗透率($\times10^{-3}\mu m^2$) | 高岭石胶结物(充填式)(％) | 绿泥石胶结物(包膜式)(％) | 碳酸盐含量(粒间充填)(％) |
|---|---|---|---|---|---|
| 1 000 | 15.9 | 2.62 | 3.2 | 8 | 0.73 |
| 1 128 | 15.5 | 2.02 | 3 | 6 | 1.72 |
| 1 256 | 15.7 | 2.56 | 3.2 | 8.5 | 2.2 |
| 1 378 | 14.7 | 1.66 | 3.1 | 6 | 1.83 |
| 1 512 | 14.2 | 0.48 | 4 | 9 | 2.1 |
| 1 634 | 13.4 | 0.3 | 4.5 | 6.5 | 2 |
| 1 752 | 13.1 | 0.31 | 5.5 | 5 | 2.92 |
| 1 875 | 13.7 | 0.14 | 5.7 | 7 | 3.6 |
| 1 990 | 13.8 | 0.38 | 6.3 | 6 | 4.8 |
| 2 125 | 13.5 | 0.45 | 7 | 5 | 4.7 |
| 2 236 | 14.6 | 0.5 | 7.5 | 7.5 | 3.1 |
| 2 356 | 14.3 | 0.25 | 8.5 | 8 | 3.98 |
| 2 478 | 15.5 | 0.24 | 9 | 9 | 2.35 |
| 2 598 | 16.4 | 0.55 | 9.2 | 9 | 1.08 |
| 2 705 | 17.3 | 0.77 | 10 | 7 | 0.98 |
| 2 816 | 16.9 | 0.34 | 8.5 | 7 | 1.15 |
| 2 925 | 16.2 | 0.3 | 8 | 7.5 | 1.81 |
| 3 038 | 15.7 | 0.28 | 7 | 5 | 2.1 |
| 3 146 | 14.3 | 0.37 | 7 | 5 | 3.34 |
| 3 255 | 12.9 | 0.33 | 6.6 | 6.5 | 3.2 |
| 3 369 | 12.5 | 0.14 | 5 | 6 | 2.01 |
| 3 480 | 12.3 | 0.12 | 4.6 | 9.5 | 4.5 |
| 3 615 | 12.7 | 0.15 | 2.5 | 5 | 5.94 |
| 3 737 | 12.4 | 0.14 | 2 | 5 | 7 |
| 3 857 | 12.7 | 0.2 | 1 | 8 | 7.1 |
| 3 975 | 10.3 | 0.07 | 1.5 | 6.5 | 11 |
| 4 083 | 11.9 | 0.18 | 1 | 6.5 | 9.8 |
| 4 190 | 10.2 | 0.05 | 0.9 | 5 | 8.5 |
| 4 300 | 10.3 | 0.16 | 0.9 | 5 | 11.6 |

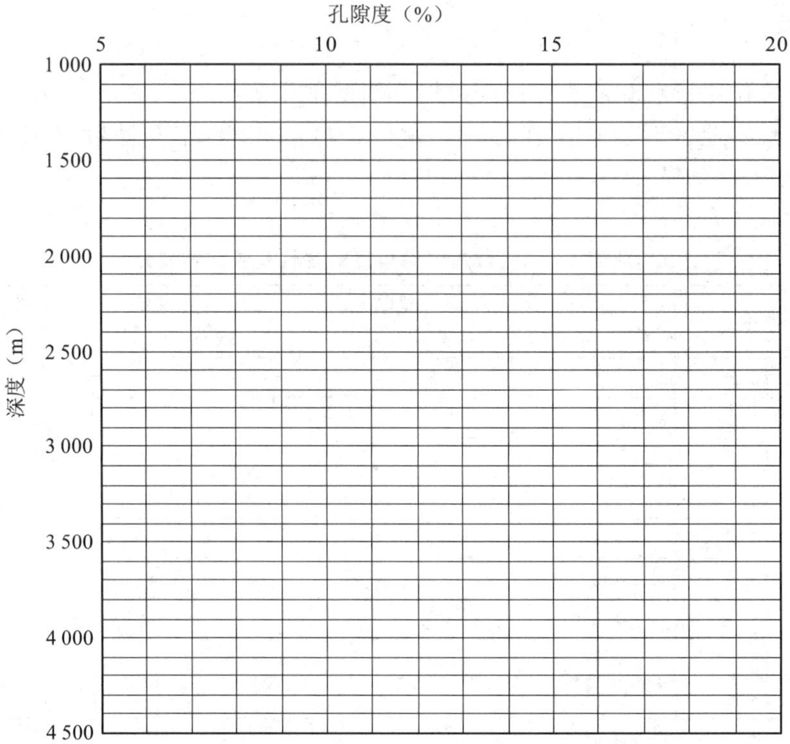


作业图 13 - 1　孔隙度与深度关系图

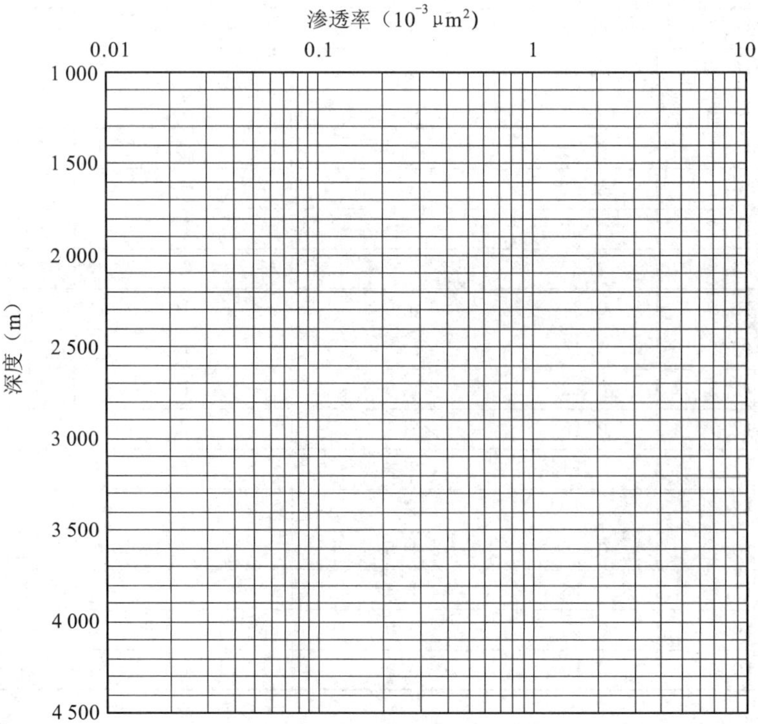


作业图 13 - 2　渗透率与深度关系图

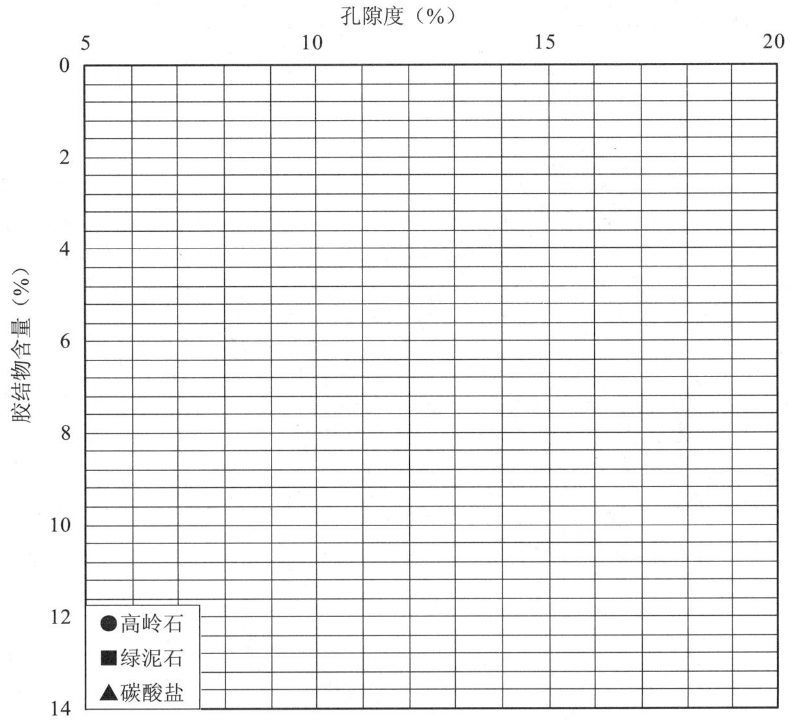


作业图 13－3　孔隙度与不同类型胶结物含量关系图

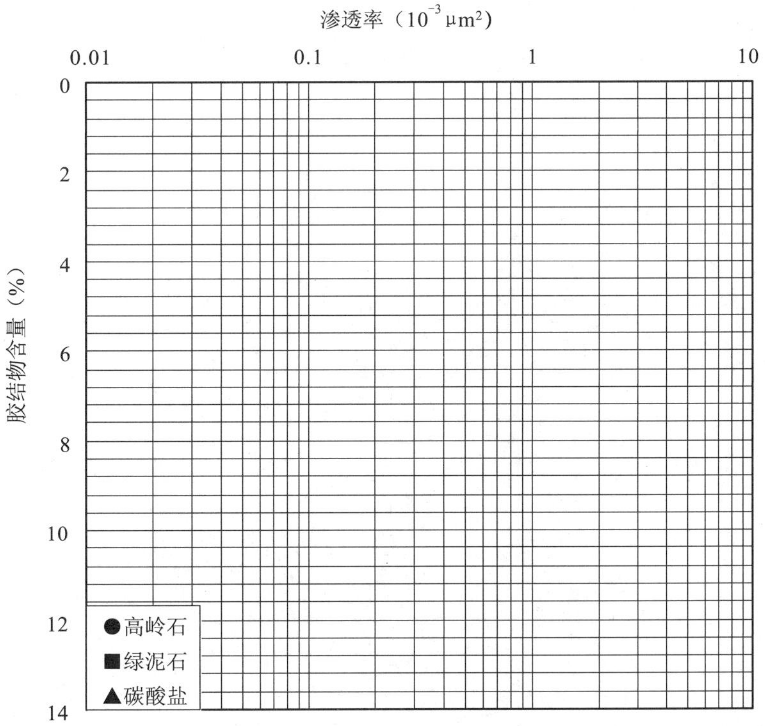


作业图 13－4　渗透率与不同类型胶结物含量关系图

**表 13-2　各成岩作用特征及其对物性的影响分析小结**

| | 压实压溶作用 | 胶结作用 | 溶解作用 |
|---|---|---|---|
| 镜下特征表现 | | | |
| 成岩作用强度判别 | | | |
| 合适发生的地质条件 | | | |
| 对物性的影响 | | | |
| 各成岩作用之间的关系 | | | |

# 实习 14　生物标志化合物的主要类型及其在油气地质研究中的应用

## 一、实习目的

通过原油和烃原岩可溶有机质的饱和烃和芳烃 GC 和 GC－MS 图谱的解析，①了解生物标志化合物的分析方法；②熟悉常规生物标志化合物的图谱识别；③熟悉生物标志化合物在油气地质研究中的应用。

## 二、生物标志化合物的主要类型及在油气地质中的应用

### (一)生物标志化合物的主要类型

油气地球化学中的生物标志化合物是指原油和沉积有机质中源于活的生物体，具有特征、稳定的碳骨架，在成岩和深成热解作用过程中没有或很少发生变化，而基本保持能被识别和追踪其原始先质的碳骨架的化合物，因此，它们具有“标志作用”。作为油气地球化学中一个非常重要和活跃的研究领域，生物标志化合物涉及的化合物非常之多，因篇幅所限，在此仅重点介绍目前在日常研究和油田生产中常用的正构烷烃、无环异戊二烯型烷烃[主要是姥鲛烷(Pr)、植烷(Ph)系列]、萜烷、甾烷和部分芳香烃。

#### 1. 正构烷烃和无环类异戊二烯型烷烃

在沉积有机质及石油中，正构烷烃通常都是主要成分，它们是结构最为简单的一类化合物，仅由直链结构组成，分子通式为 $C_nH_{2n+2}$。在 GC 图和 GC－MS 总离子流图中，正构烷烃是以近于等间距分布的。正构烷烃碳数的确定一般依据姥鲛烷及植烷，在常规色谱条件下，$nC_{17}$ 和 $nC_{18}$ 分别在姥鲛烷和植烷之前毗邻出峰(图 14－1)，这两对峰非常有特点，保证 $nC_{17}$ 和 $nC_{18}$ 的确定无误，由此确定其它正构烷烃的碳数。

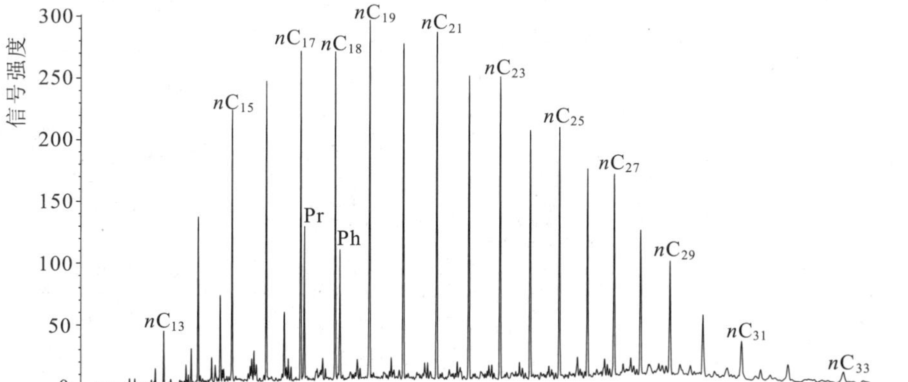


图 14－1　饱和烃气相色谱图

2. 萜烷

萜烷化合物是沉积物中分布最广泛的一类复杂的生物标志化合物(Rohmer 等,1984)。由于作为细菌群落的生物标志化合物,以及其丰富的结构和构型变化,萜烷化合物在古环境重建和石油地球化学研究中具有重要地位。原油中检测到的萜烷一般有倍半萜、双萜、长链三环萜、四环萜和五环三萜等,其中以五环三萜最丰富和最重要。

尽管萜烷化合物构型和同系物较多,但其鉴定并不复杂。长链三环萜、四环萜、五环三萜类化合物碳骨架的特性,可以根据 m/z191 特征质量色谱图将该类化合物检测出来(图 14 - 2)。双萜和倍半萜可根据 m/z 123 特征质量色谱图鉴定(图 14 - 3)。

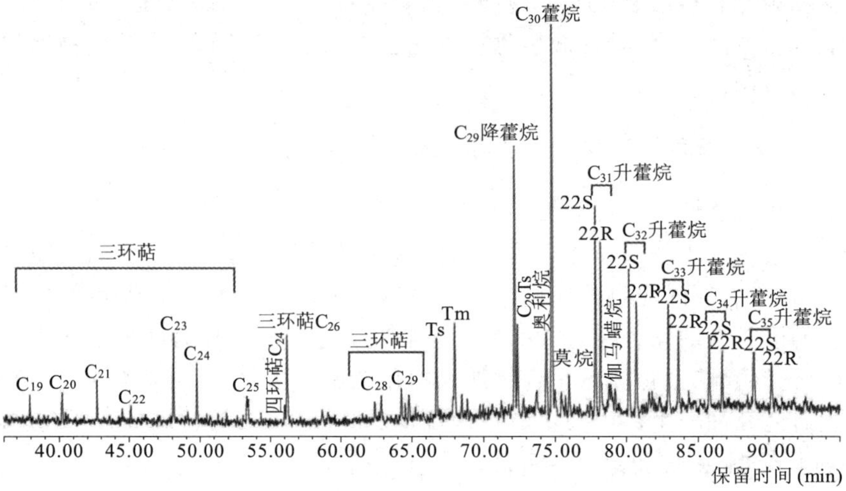


图 14 - 2　m/z 191 质量色谱图

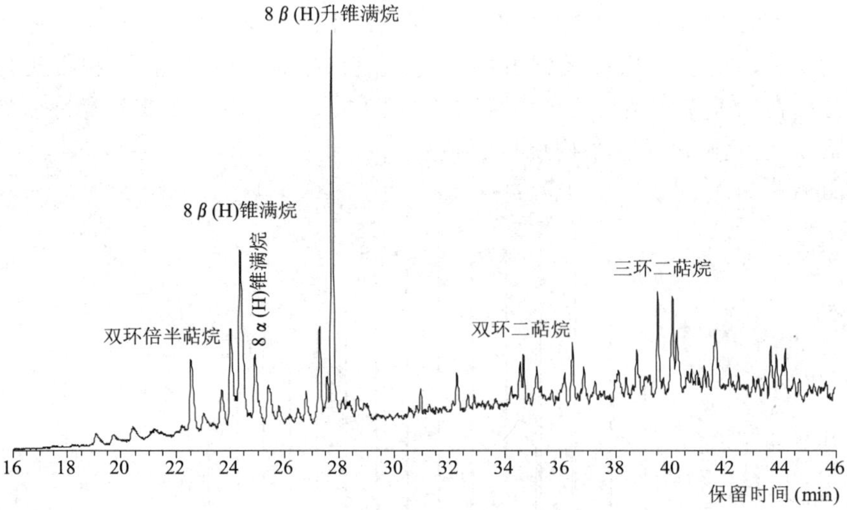


图 14 - 3　m/z 123 质量色谱图

3. 甾烷

甾烷类是另一大类生物标志化合物,常规甾烷的碳数分布范围为 $C_{27}-C_{29}$,但有其它复杂的碳数变化。通常利用甾类在 m/z 217 质量色谱图上的各化合物的出峰顺序及分布形式来确定各种构型的甾类化合物。如图 14－4 为地质样品中常规甾烷化合物的分布图。芳香甾烷主要包括单芳甾烷和三芳甾烷，其基峰分别为 m/z 253 和 m/z 231。

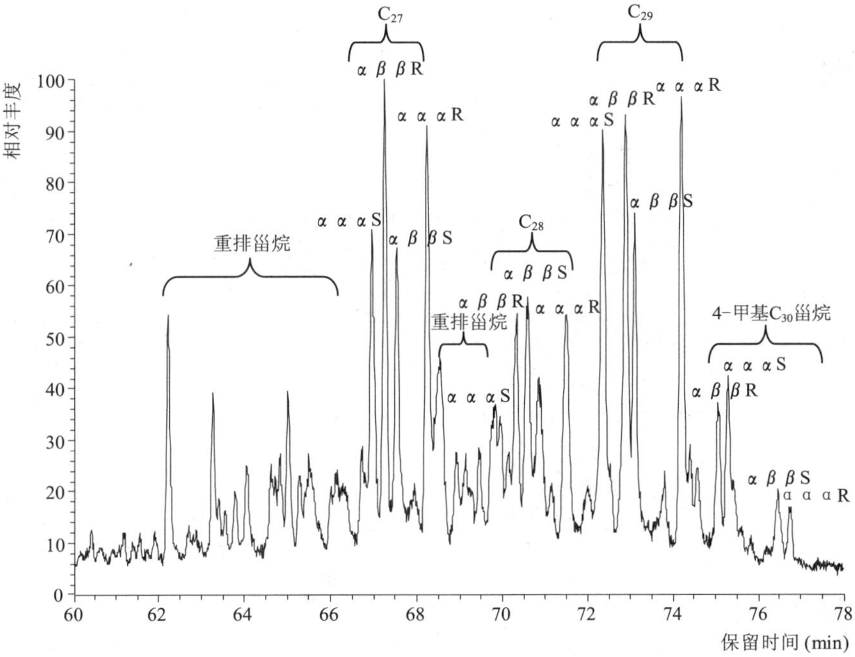


图 14－4　m/z 217 质量色谱图

4. 芳香烃化合物

芳香烃类化合物特别是那些最广泛分布的高度芳构化的多环芳香烃，其生物标志意义不再明确，但某些地球化学意义仍然保留，如成熟度及沉积环境等，故在石油地球化学研究中仍有重要应用。芳香烃化合物的种类非常丰富，除前面介绍过的芳甾烷外，这里还对沉积有机质和石油中最常见的萘、菲系列化合物做简单介绍。

图 14－5 给出了一芳香烃馏分的总离子流图，可见，它与烷烃的分布形式是完全不同的，显示出复杂性，但实际上，通过质量色谱图可以比较容易地鉴定各系列芳香烃化合物，如图14-6

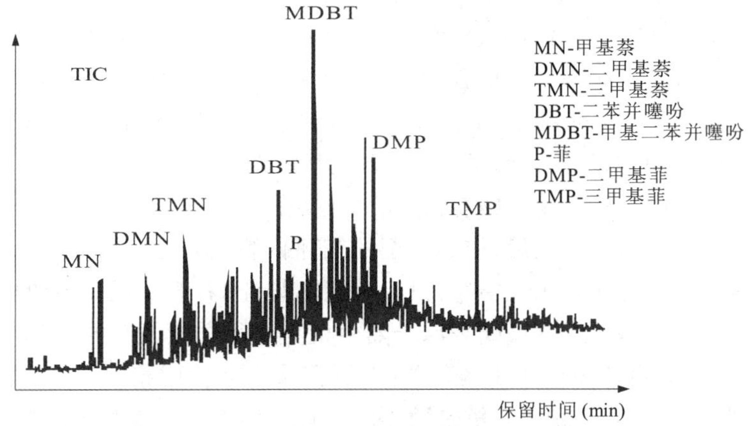


图 14－5　芳香烃总离子流图

为 1～3 个甲基取代萘系列化合物在质量色谱图上的分布，图 14－7 为 0～2 个甲基取代的菲(P)系列化合物在质量色谱图上的分布。

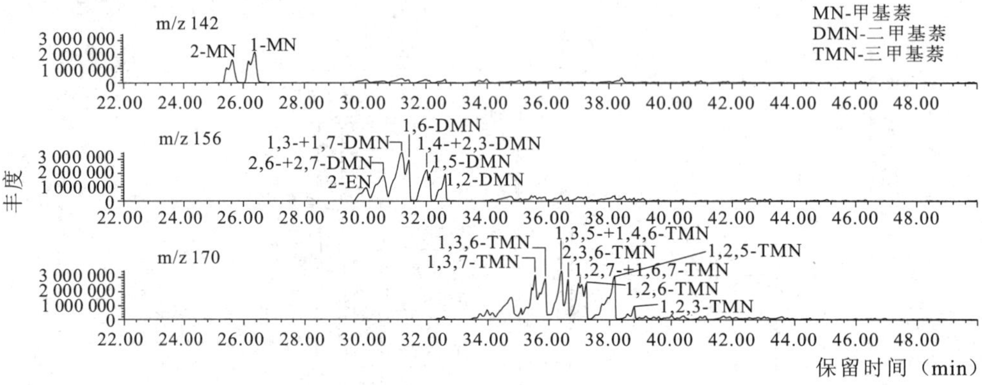


图 14－6　不同甲基取代的萘系列化合物质量色谱图

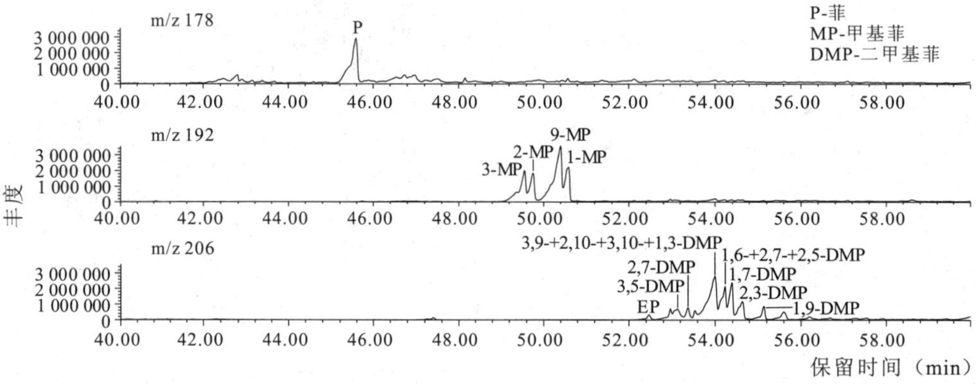


图 14－7　不同甲基取代的菲系列化合物质量色谱图

(二)生物标志化合物在油气地球化学中的应用

生物标志化合物由于其特征、稳定的结构而具有独到的溯源意义，它们被广泛应用于生源输入、母质类型、沉积环境、成熟度识别，并作为油气源对比、运移、生物降解等方面的评价和研究指标。

1. 生源输入及有机质类型判识

许多生物标志化合物都有特定的来源，这使得它们成为示踪生物输入的有效指标。如指示高等植物生源的输入的标志化合物有：具有奇偶优势的高相对分子质量正构(或异构、反异构)烷烃；$C_{29}$ 甾烷；五环三萜系列中 Tm、$C_{29}$、$C_{31}$ 相对于 $C_{30}$ 明显偏高，而 Ts 和 $C_{35}$ 极低的藿烷分布特征，除补身烷外的二环倍半萜类；18α(H)-奥利烷等。

指示水生生物的输入标志化合物有：$C_{27}$ 甾烷；存在 $C_{15}$ 或 $C_{17}$ 的优势、但没有明显的奇偶优势的中等相对分子质量的正构烷烃；较高丰度的三环萜烷系列化合物等。

指示菌类输入的生物标志化合物有：没有奇偶优势的 $C_{10}$－$C_{30}$ 范围内的正构烷烃；细菌藿烷四醇；二环倍半萜补身烷系列(可能来源于陆生植物进行强烈改造的细菌生物质)。

另外，4－甲基甾烷可能主要源于沟鞭藻(主要在淡水环境中繁盛)生物体中的 4α－甲基甾醇；甲藻甾烷来源于甲藻甾醇或甲藻甾烷醇，并且看来是唯一由沟鞭藻提供的；伽马蜡烷可能来源于某些原生动物、光合细菌的四膜虫醇。

这些特征，除了可用于标志有机质的生源之外，还可以间接或直接用于判识有机质的类型，如水生生物输入比例较高的有机质可能更偏向于是倾油的腐泥型。$C_{27}$－$C_{28}$－$C_{29}$甾烷含量三角图被用于判识原油及烃源岩抽提物所代表的有机质类型，正是基于这一点。

需要指出的是，烃源岩常常具有多元的有机质输入，许多生物标志化合物也并非唯一的来源。同时，成熟演化、运移、菌解等有时也使问题复杂化。因此，在应用生物标志化合物时，常常需要注意指标多解性的问题。如，虽然$C_{29}$甾烷被主要视为是高等植物输入的指标，但在高等植物尚未大量出现的泥盆纪以前的海相原油中有时也存在丰富的$C_{29}$甾烷(Peters 和 Moldowan，1993)；奥利烷是高等植物输入的标志，但没有奥利烷并不代表没有高等植物的输入；具奇偶优势的高相对分子质量正构烷烃的分布特征，会随着热演化程度的升高而消失。

2. 沉积环境识别

如具偶奇优势的正构烷烃和 Pr/Ph 低值指示强还原环境，而偏氧化的典型煤系地层沉积的沼泽环境以 Pr/Ph＞2.5 为特征，高者可达 8 以上，Pr/Ph 比值与环境的氧化还原性有一定的对应关系。高丰度的$C_{35}$升藿烷一般与海相碳酸盐岩或蒸发盐岩有关。煤和煤系环境 Tm、$C_{29}$、$C_{31}$相对于$C_{30}$明显偏高，而 Ts 和$C_{35}$极低。淡水环境沉积中含有较高的 4－甲基甾烷总量，且 4－甲基甾烷中$C_{28}$的含量相对较高。伽马蜡烷的富集似乎多与高盐度海相及非海相沉积环境有关。重排甾烷的高含量可能指示酸性环境(但也可能与热成熟演化有关)。

3. 成熟度判识

生物标志化合物一方面具有特征、稳定的碳骨架，这使它成为非常有效的母源、环境、对比、降解等方面的地化指标。但另一方面，它在低值演化过程中也会发生一定的变化，从而使它成为被广泛应用的成熟度指标。

(1)构型异构化反应。生物合成的 R 构型甾烷在地质条件下的受热过程中，将向 S 构型转化而形成 R＋S 构型的混合物。这样，$C_{27}$－$C_{29}$甾烷的 20S/(20S＋20R)的比值就会随成熟度的升高而增大。类似地，甾烷环上 C－14、C－17 位的稳定性较差的 $\alpha\alpha$ 构型将向地质条件下更为稳定的 $\beta\beta$ 构型转化，这样，$C_{29}$甾烷的 $\beta\beta/(\alpha\alpha+\beta\beta)$ 也将随着成熟度的升高而增大。由于$C_{27}$和$C_{28}$甾烷的异构化比值常常受共逸峰的干扰，常用$C_{29}$甾烷异构体来测定。

同理，藿烷类的比值一般利用 m/z191 质量色谱图计算，链上的异构化反应用$C_{32}$升藿烷($C_{31}$常与伽马蜡烷共逸，$C_{32}$以上含量较低)，环上的比值一般用$C_{30}$藿烷计算。

(2)甾烷的芳构化反应。烃类产物演化过程中，一方面向相对富氢的小分子烃类转化，另一方面向相对贫氢的芳香结构演化(可视为歧化反应)。因此，对相似结构的化合物来说，饱和结构/芳香结构或低聚芳香结构/高聚芳香结构的比值应该随着演化程度升高而降低。非芳甾烷在成岩演化过程中，主要通过 C 环、也可以通过 A 环芳构化变成单芳甾烷，进一步可经中间产物二芳甾烷很快演化成三芳甾烷。由于甾烷类和芳甾烷分别存在于饱和烃馏分和芳香烃馏分中，而二芳甾烷一般不太稳定，故通常由三芳甾烷/(三芳甾烷＋单芳甾烷)来构建成熟度指标。这一比值作为成熟度指标的主要问题在于运移过程中的分馏效应(三芳甾烷极性强，更容易被吸附)可能严重干扰其本来的成熟度面貌。

由于强烈的芳构化作用一般需要在较高的热应力条件下发生，与构型异构化一类的成熟度参数相比，芳构化指标所适应的成熟度较高。

(3)C－C 单键的断裂。由于大多数情况下，C－C 键断裂的反应物-产物关系并不严格明了，这类指标一般从总体上计算。如$C_{21}$、$C_{22}$的低分子甾烷一般较正常的$C_{27}$－$C_{29}$甾烷稳定，故

$C_{21}-C_{22}$甾烷/∑甾烷的比值将随成熟度的升高而增大。低相对分子质量的芳甾烷与高相对分子质量的芳甾烷、三环萜烷/五环萜烷也可以视为这类成熟度指标。成熟度指标OEP和CPI的变化也与C—C键的断裂所形成的无奇偶优势的正构烷烃对原有具有奇偶优势的正构烷烃的稀释有关。

(4)重排反应。这主要是指环上的角甲基位置转移的反应,如甾烷C-13位的甲基重排到C-14位形成重排甾烷,藿烷的C-18位甲基重排到C-17位,即由17α21β-22,29,30-三降新藿烷(Ts)。因此,重排甾烷/(重排甾烷+正常甾烷)、Ts/Tm比值一般随成熟度的升高而增大,但其比值的大小也往往同时与环境有关(Machenzie,1984)。

芳香烃部分的萘、菲系列化合物成熟度指标,有些可能与从α位到β(γ)位的重排作用有关,但有些可能与裂解断键有关。由于难以将萘、菲热指标的重排和断键机理分开,即哪些指标与重排作用有关,哪些与断键作用(C—C键断裂)有关。

事实上,生物标志化合物中可以用于成熟度指标的还有很多,如倍半萜、二萜、奥利烷等特征中心的构型异构化反应同样可以作为反应成熟度的热指标。成熟度指标还常常受沉积环境、运移等其它因素的影响。因此,对油、岩的成熟度进行评价常常需要综合考虑多方面的指标和因素。

4. 油气源对比

正是由于不同生物输入、不同沉积环境、不同岩性、不同时代的生物标志化合物具有不同的特征,使生物标志化合物在油气源关系研究中应用最广,同时也是最为有效、成功的对比指标。

5. 原油生物降解评价

由于不同的生物标志化合物对微生物降解具有不同的抵抗能力,这使得它成为描述原油经历微生物降解过程及程度的最佳指标。

6. 油气运移评价

由于油气分子在大小、结构、极性等方面的差异,必然导致油气在运移的过程中产生一定程度的运移分异效应(d地质色层效应)。这在给油源对比研究增加困难的同时,也为研究油气运移及确定成藏时油气充注方向提供了依据。如三环萜/五环三萜比值随运移距离而增大(Seifert等,1980;黄第藩等,1984、1989)、三芳甾烷/(三芳甾烷+单芳甾烷)随运移距离的增大而减少、甾烷ββ比αα构型的甾烷运移得更快(Seifert等,1981)。

不过,由于影响有关指标数值的多元性及运移过程中的复杂性,上述指标是否能够客观指示运移距离的大小,不少学者还有疑虑。如上述有关参数同时还受成熟度的影响,同时运移是否达到平衡,运移途径中粘土矿物的影响、混源问题,含量较少的生物标志化合物能否代表整个原油等等,都还有待于深入研究。

## 三、实习内容和步骤

(1)实习内容:识别饱和烃气相色谱图、饱和烃色质图中的常见化合物,并解释这些化合物所反映的地球化学信息。

(2)步骤:复习相关内容;仔细阅读实习作业要求,根据课堂讲述或参考书中的识别方法,按要求识别出各谱图的化合物;并用直尺量取峰的高度,计算相应参数比值;最后根据参数的计算结果分析其代表的地质意义。

## 四、实习要求和作业

(1)描述图 14－8 的正构烷烃碳数分布范围、主峰碳数和峰型特征(单峰型——前峰型、后峰型、平峰型;双峰型——前双峰型、后双峰型、均双峰型),用峰高法计算 $Pr/nC_{17}$、$Ph/nC_{18}$、Pr/Ph、OEP 或 CPI、$C_{21}^{-}/C_{22}^{+}$等参数,并说明其意义。

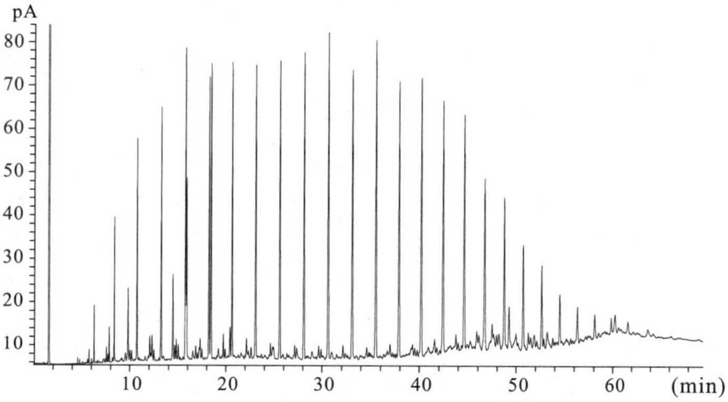


图 14－8 饱和烃气相色谱图

(2)在质量色谱图(图 14－9 和图 14－10)中标出常见的生物标志化合物的位置,并用作业表 14－1 的生物标志化合物指标作出各种相关图。

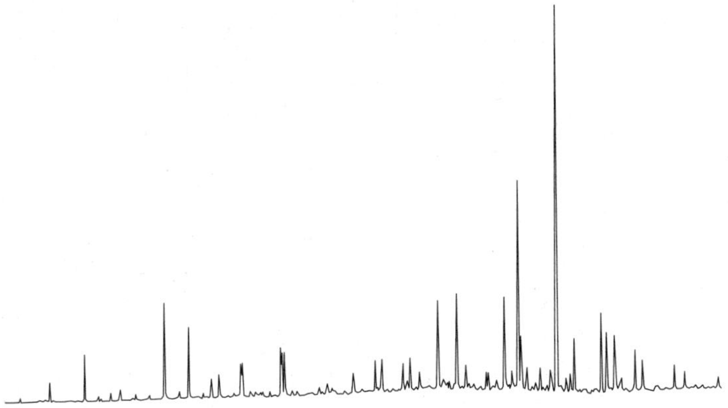

图 14－9 m/z 191 质量色谱图

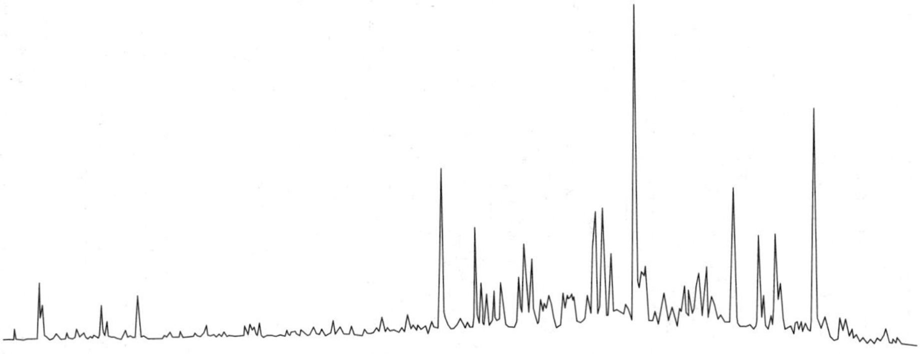

图 14－10 m/z 217 质量色谱图

**作业表 14-1　某地区部分原油生物标志化合物指标数据表**

| 井号 | 平均深度 | 层位 | Pr/Ph | $C_{29}$ ααα S/(R+S) | $C_{29}$ ββ/(αα+ββ) | $C_{27}$ αααR | $C_{28}$ αααR | $C_{29}$ αααR | αααR $C_{27}/C_{29}$ | 伽马蜡烷指数 | 重排/正常甾烷 | Ts/(Ts+Tm) | 奥利烷/$C_{30}$H |
|---|---|---|---|---|---|---|---|---|---|---|---|---|---|
| No. 1 | 2 141.50 | H23 | 1.153 | 0.545 8 | 0.460 1 | 1.059 4 | 0.975 3 | 1.307 2 | 0.810 4 | 0.279 9 | 0.278 4 | 0.630 0 | 0.140 3 |
| No. 2 | 2 536.60 | H31—H32 | 0.891 0 | 0.538 2 | 0.561 5 | 0.425 6 | 0.400 3 | 0.555 0 | 0.766 8 | 1.293 9 | 0.422 2 | 0.707 5 | 0.635 4 |
| No. 3 | 2 658.00 | H31 | 0.799 2 | 0.534 8 | 0.574 1 | 0.463 0 | 0.389 2 | 0.518 6 | 0.892 8 | 1.353 0 | 0.495 2 | 0.739 3 | 0.672 9 |
| No. 4 | 2 213.95 | H22—H23 | 1.085 | 0.464 5 | 0.423 1 | 1.419 8 | 1.161 4 | 1.634 7 | 0.868 5 | 0.335 4 | 0.255 5 | 0.615 8 | 0.143 2 |
| No. 5 | 2 100.95 | H22 | 1.232 | 0.497 9 | 0.443 7 | 1.198 7 | 0.928 3 | 1.479 6 | 0.810 2 | 0.314 8 | 0.260 9 | 0.580 3 | 0.112 7 |
| No. 6 | 1 997.50 | H22 | 1.158 | 0.536 9 | 0.479 9 | 0.845 4 | 0.630 6 | 0.943 1 | 0.896 4 | 0.323 0 | 0.321 6 | 0.624 6 | 0.145 8 |
| No. 7 | 2 902.40 | H23—H31 | 0.966 | 0.599 0 | 0.509 1 | 0.739 7 | 0.676 2 | 0.892 4 | 0.828 9 | 0.316 6 | 0.301 7 | 0.659 8 | 0.169 5 |
| No. 8 | 1 784.25 | H22—H23 | 1.086 | 0.413 9 | 0.368 5 | 1.999 1 | 1.752 8 | 2.463 5 | 0.811 5 | 0.283 1 | 0.199 1 | 0.522 9 | 0.122 5 |
| No. 9 | 1 316.80 | H22—H23 | 1.040 | 0.357 6 | 0.316 2 | 3.334 2 | 2.792 8 | 4.034 0 | 0.826 5 | 0.311 1 | 0.144 9 | 0.456 1 | 0.106 4 |
| No. 10 | 1 422.20 | H23 | 1.127 | 0.364 7 | 0.335 9 | 2.616 7 | 2.166 4 | 3.146 1 | 0.831 7 | 0.287 3 | 0.158 8 | 0.461 6 | 0.116 9 |
| No. 11 | 1 348.50 | H22—H23 | 0.807 | 0.318 9 | 0.276 6 | 4.799 6 | 4.093 0 | 5.351 1 | 0.896 9 | 0.305 6 | 0.121 3 | 0.387 1 | 0.098 8 |
| No. 12 | 1 352.00 | H23 | 1.003 | 0.342 1 | 0.316 6 | 3.581 1 | 2.966 1 | 4.198 3 | 0.853 0 | 0.297 4 | 0.145 2 | 0.436 4 | 0.109 3 |
| No. 13 | 1 433.00 | H31 | 1.092 | 0.355 4 | 0.320 8 | 3.201 8 | 2.518 0 | 3.586 3 | 0.892 8 | 0.293 9 | 0.159 9 | 0.443 5 | 0.105 5 |
| No. 14 | 1 406.90 | H31 | 0.984 | 0.341 0 | 0.307 3 | 3.547 2 | 3.087 8 | 4.373 8 | 0.811 0 | 0.335 2 | 0.124 4 | 0.408 8 | 0.095 3 |
| No. 15 | 1 684.25 | H23 | 1.126 | 0.370 5 | 0.346 0 | 2.528 3 | 2.192 8 | 3.254 6 | 0.776 8 | 0.291 9 | 0.166 2 | 0.470 0 | 0.106 0 |
| No. 16 | 1 443.95 | H23 | 1.092 | 0.359 6 | 0.336 7 | 3.050 3 | 2.491 2 | 3.456 2 | 0.882 6 | 0.305 1 | 0.157 7 | 0.465 5 | 0.104 1 |
| No. 17 | 1 395.00 | H21—H22 | 1.214 | 0.518 9 | 0.435 5 | 1.041 5 | 0.789 6 | 1.342 5 | 0.775 8 | 0.408 0 | 0.236 6 | 0.590 2 | 0.103 4 |
| No. 18 | 1 327.80 | H21—H22 | 1.178 | 0.468 5 | 0.426 3 | 1.329 3 | 0.894 9 | 1.529 4 | 0.869 2 | 0.415 2 | 0.227 2 | 0.549 9 | 0.113 6 |
| No. 19 | 1 559.80 | H22—H23 | 1.268 | 0.455 7 | 0.382 9 | 1.832 7 | 1.701 5 | 2.334 1 | 0.785 2 | 0.258 3 | 0.180 7 | 0.501 3 | 0.104 0 |
| No. 20 | 1 674.50 | H31 | 1.191 | 0.457 6 | 0.385 6 | 1.814 6 | 1.538 7 | 2.094 8 | 0.866 2 | 0.297 6 | 0.183 9 | 0.511 4 | 0.133 4 |

## 五、思考题

1. 简述生物标志化合物在油气地球化学研究中的作用。
2. 简述海相原油与陆相原油在生物标志化合物分布上的区别。

# 实习15 原油地球化学对比参数和对比方法及其应用

## 一、实习目的

烃源岩中的干酪根在天然条件下热解形成石油和天然气，烃源岩中未排出的可溶沥青或烃类与来自该烃源岩的油气具有可比性即有亲缘关系。因此，来自同一源岩的油气在化学组成上应该具有相似性，非同源的油气则会表现出较大的差异。油-油对比就是运用原油地球化学的基本原理，选择对比参数来研究不同原油之间的亲缘关系。然而，由于油气在运移、聚集的过程中会经历一系列的变化，这样会模糊甚至完全掩盖这些原生的相似性，从而大大增加了对比的多解性和复杂性。为此，如何合理地选用对比参数是十分重要的。

本次实习的目的是：通过对不同地区原油进行地球化学参数对比，初步掌握油-油对比的一般方法和应用技能。

## 二、相关理论、方法和技术

用于油-油对比的方法和参数主要包括：微量元素系列和 V/Ni 比值，生物标志化合物如类异戊间二烯烷烃的系列分布、甾萜类化合物的分布形式和特征，正构烷烃和异构烷烃、环烷烃、芳香烃等系列化合物的分布形式和比值，此外还包括一些非烃类化合物和稳定碳同位素。本次实习主要应用以下几种对比方法和参数。

1. $C_{15}^{+}$ 正构烷烃

正构烷烃是油气的主要烃类组成，可作为油-油对比的"指纹"化合物。正构烷烃的碳数范围、主峰碳数、特别是碳数分布形式是十分有用的参数，常可编制碳数分布曲线，一般来讲具有亲缘关系的原油常有相似的分布曲线。应该指出由于正构烷烃对细菌降解和热力作用最为敏感，并在一定程度上受运移影响，所以正构烷烃指标一般只对低-中等成熟度、生物降解不明显的原油才有较好的效果。

2. 类异戊二烯烷烃

在原油和源岩中均有较普遍分布，它们的化学性质非常相似，故可作为对比标志。由于结构比较稳定，能够比正构烷烃更好地抵抗生物降解，是一类重要的对比参数。目前采用的主要是两种：系列对比（$iC_{15}-iC_{20}$）和比值对比：Pr/Ph、Pr/$nC_{17}$、Ph/$nC_{18}$、Pr＋$C_{17}$/Ph＋$nC_{18}$等。类异戊二烯烷烃中最丰富的是姥鲛烷和植烷，Pr/Ph 与原始沉积环境有关，0.2～0.8 具植烷优势，为咸水深湖相强还原环境；0.8～2.8 是姥植烷均势，为淡水—微咸水深湖相还原环境；2.8～4.0 具姥鲛烷优势，为淡水湖沼相的弱氧化-弱还原环境。受成熟度的影响，Pr/Ph 逐渐增大，Pr/$nC_{17}$、Ph/$nC_{18}$有减小的趋势；Ph/$nC_{18}$、Pr＋$nC_{17}$/Ph＋$nC_{18}$相比 Pr/$nC_{17}$、Ph/$nC_{18}$受热成熟度变化的影响要小。

3. 甾类和萜类化合物

该类化合物结构独特、性质稳定，在原油对比中起着很大的作用。甾、萜类中一些特征的化合物类型可以反映有机质的母质来源和沉积环境（表 15-1）以及成熟度（表 15-2），如伽马蜡烷、

β胡萝卜烷、4-甲基甾烷、三环双萜等本身就是有效的对比参数。立体异构体的相对比值同样是很好的对比和分类的根据，如 $C_{27}$甾烷/$C_{28}+C_{29}$甾烷不受热成熟度影响，能反映原始有机质来源。下面主要介绍常用的有关原油成熟度、有机质来源和形成环境的甾、萜类对比参数。

4. 碳同位素组成

稳定碳同位素包括 $^{12}C$ 和 $^{13}C$ 两种，分别为“轻”和“重”碳稳定同位素，质量上分别占所有碳元素的 98.89%和 1.11%。稳定碳同位素比值是用来描述在有机物质中 $^{13}C$ 丰度的微小变化，天然化合物中同位素的组成是同位素分馏的结果，其重要性在于将石油和可能生油岩中的干酪根和沥青直接联系起来。当原始有机质和热演化条件相同时，油与源岩之间的碳同位素是可比的。分析碳同位素的类型曲线的形状和趋势，可确定油-油之间的指纹关系，若与气相色谱相同，可将石油进行分类对比，在相同条件下，来自相同源岩的油气具有相似的碳同位素特征。

**表 15-1　甾、萜类环境对比参数表**

| 分类 | 环境参数 | 来源 | 环境意义 |
|---|---|---|---|
| 萜类 | 伽马蜡烷指数（γ-蜡烷/$C_{30}$H） | 来源于细菌 | 超盐环境 |
| | 升藿烷指数（$C_{35}$/$C_{31}$至$C_{35}$） | 细菌 | 还原到缺氧 |
| | 奥利烷指数（O/$C_{30}$H） | 高等植物 | 白垩纪至更年轻时代 |
| | β胡萝卜烷 | 藻类 | 超盐环境 |
| | $C_{24}$四环萜烷 | 未知 | 超盐环境 |
| | $C_{19}-C_{30}$三环萜烷 | 藻、高等植物 | 非专属环境 |
| | 17α(H)-重排藿烷/<br>18α(H)-30-降新藿烷（$C_{30}$*/$C_{29}$Ts） | 细菌 | 氧化－亚氧化/富含黏土的沉积环境 |
| 甾类 | 孕甾烷、升孕甾烷 | 未知 | 超盐环境 |
| | $C_{27}$/ $C_{27}+C_{28}+C_{29}$甾烷 | $C_{27}$来自藻 | 各种环境 |
| | $C_{29}$/ $C_{27}+C_{28}+C_{29}$甾烷 | $C_{29}$来自藻和高等植物 | 各种环境 |
| | 4-甲基甾烷 | 沟鞭藻/一些细菌 | 湖相或海相 |
| | 重排甾烷/规则甾烷 | 藻类或高等植物 | 富含黏土矿物岩石 |

**表 15-2　甾、萜类成熟度对比参数表**

| 分类 | 成熟度参数 | 实际参数 | 变化规律 |
|---|---|---|---|
| 萜类 | 22S/(22S+22R)升藿烷异构化作用 | $C_{31}$22S/(22S+22R) | 比值由 0 增到 0.6 左右，0.57～0.6 为达到或超过主要生油阶段，0.5～0.54 为勉强进入生油阶段 |
| | | $C_{32}$22S/(22S+22R) | |
| | βα-莫烷/αβ-藿烷和 ββ-藿烷 | $C_{29}$M/ $C_{29}$H | 比值随成熟度的增加而减小 |
| | | $C_{30}$M/ $C_{30}$H | |
| | Ts/(Ts+Tm)或 Ts/Tm | 比值随成熟度增加而增加 | |
| | $C_{29}$Ts/$C_{29}$H | 比值随成熟度增加而增加 | |
| | $C_{29}$Ts/$C_{30}$H | 比值随成熟度增加而增加 | |
| 甾类 | ααα$C_{29}$S/(S+R) | 0.52～0.55 为平衡状态 | 比值随成熟度增加而增加 |
| | $C_{29}$ββ/(ββ+αα) | 0.67～0.71 为平衡状态 | 比值随成熟度增加而增加 |

## 三、实习内容、步骤和方法

(1)根据表 15-3 提供的 3 个原油样品的饱和烃气相色谱测试数据，分析碳数范围、主峰碳数，编制碳数分布曲线(图 15-1)，计算 Pr/Ph、Pr/$nC_{17}$、Ph/$nC_{18}$、Pr+$C_{17}$/Ph+$nC_{18}$(作业表 15-1)，描述和分析 3 个原油的参数特征，探讨 3 个原油之间的异同和亲缘关系。

(2)根据表 15-4 提供的 3 个原油样品的甾烷化合物测试数据，进行对比参数(成熟度和沉积环境)的计算、对比(作业表 15-2)，探讨 3 个原油的异同。

(3)根据表 15-5 提供的 3 个原油样品的萜烷化合物测试数据，进行对比参数(成熟度和沉积环境)的计算、对比(作业表 15-3)，探讨 3 个原油的异同。

(4)根据表 15-6 提供的 3 个原油样品的碳同位素数据，制作碳同位素曲线(图 15-2)，进行原油异同对比。

(5)综合前面的分析结论，对 3 个原油的异同进行总体分析。

## 四、实习作业

(1)表 15-3 为 3 个原油的饱和烃气相色谱分析测试数据，请根据所给的数据，识别主峰碳和碳数范围填入作业表 15-1，计算 Pr/Ph、Pr/$nC_{17}$、Ph/$nC_{18}$、Pr+ n $C_{17}$/Ph+$nC_{18}$ 比值填入作业表 15-1，并编制 $C_{16}$—$C_{30}$ 碳数分布曲线图(作业图 15-1)。

**表 15-3 原油饱和烃气相色谱化合物峰面积表**

| 化合物 | 油 1 | 油 2 | 油 3 | 化合物 | 油 1 | 油 2 | 油 3 |
|---|---|---|---|---|---|---|---|
| | 峰面积 | | | | 峰面积 | | |
| $C_{12}$ | 0.18 | 0.88 | 0.78 | $C_{24}$ | 7.49 | 5.6 | 6.62 |
| $C_{13}$ | 0.29 | 2.67 | 1.03 | $C_{25}$ | 6.80 | 5.06 | 6.43 |
| $C_{14}$ | 0.41 | 4.41 | 1.23 | $C_{26}$ | 5.39 | 4.03 | 5.59 |
| $C_{15}$ | 0.55 | 6.26 | 1.45 | $C_{27}$ | 4.41 | 3.46 | 5.14 |
| $C_{16}$ | 0.75 | 6.95 | 1.65 | $C_{28}$ | 4.28 | 2.5 | 4.98 |
| $C_{17}$ | 3.29 | 7.64 | 4.23 | $C_{29}$ | 3.30 | 1.9 | 3.99 |
| Pr | 4.13 | 2.9 | 4.84 | $C_{30}$ | 2.89 | 1.6 | 3.35 |
| $C_{18}$ | 5.59 | 7.67 | 5.06 | $C_{31}$ | 1.75 | 1.3 | 2.18 |
| Ph | 13.27 | 7.9 | 12.28 | $C_{32}$ | 1.19 | 0.7 | 1.49 |
| $C_{19}$ | 6.30 | 7.64 | 5.04 | $C_{33}$ | 0.75 | 0.71 | 0.85 |
| $C_{20}$ | 8.69 | 7.41 | 6.46 | $C_{34}$ | 0.52 | 0.58 | 0.55 |
| $C_{21}$ | 8.78 | 7.15 | 6.93 | $C_{35}$ | 0.35 | 0.4 | 0.37 |
| $C_{22}$ | 8.80 | 6.71 | 7.10 | $C_{36}$ | 0.25 | 0.25 | 0.23 |
| $C_{23}$ | 8.65 | 6.46 | 7.07 | | | | |

**作业表 15-1　饱和烃气相色谱参数对比表**

| 油样 | 主峰碳 | 碳数范围 | Pr/Ph | Pr/$nC_{17}$ | Ph/$nC_{18}$ | Pr+$nC_{17}$/Ph+$nC_{18}$ | Pr+Ph/$nC_{17}$+$nC_{18}$ |
|---|---|---|---|---|---|---|---|
| 油 1 | 22 | $C_{12}$—$C_{36}$ | 0.31 | 1.26 | 2.37 | 0.39 | 1.96 |
| 油 2 | | — | | | | | |
| 油 3 | | — | | | | | |

描述和对比 3 个油样的饱和烃气相色谱参数特征，推断 3 个原油样品的亲缘关系：

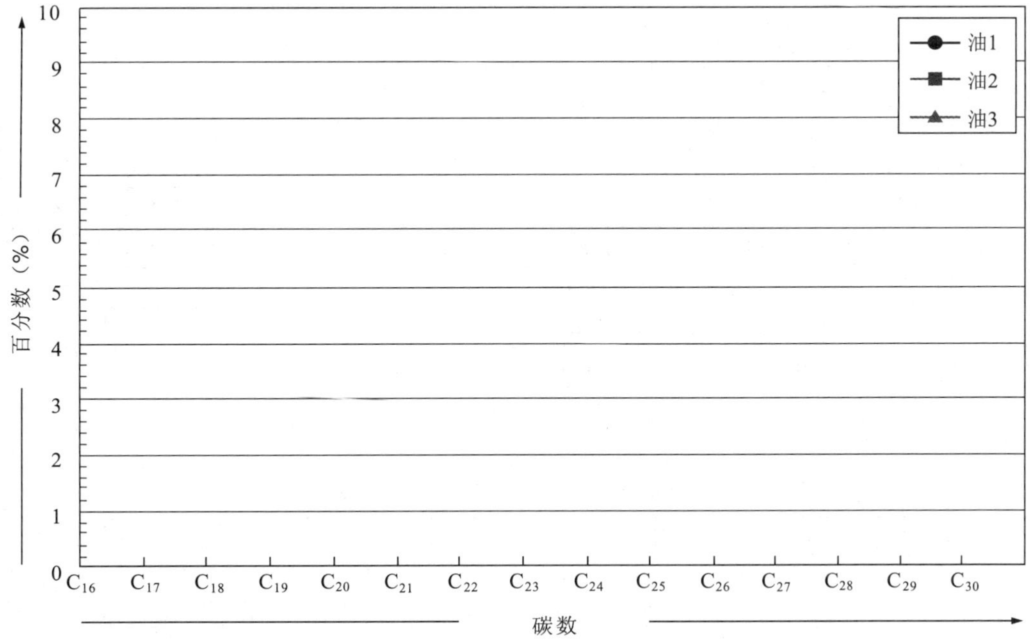


作业图 15-1　$C_{15}^{+}$正构烷烃分布曲线对比图

(2)表 15-4 为 3 个原油样品的甾测试数据，请根据所给的数据，进行对比参数(成熟度和环境)的计算，填入作业表 15-2，描述和对比 3 个原油样品的甾烷参数特征，探讨 3 者之间的亲缘关系：

表 15-4 原油甾烷数据表

| 化合物名称 | 油 1 | 油 2 | 油 3 |
| --- | --- | --- | --- |
| | 峰面积 | | |
| $C_{21}$-5α(H),14β(H)孕甾烷 | 221 575 | 48 957 | 163 064 |
| $C_{22}$-甾烷 | 99 543 | 28 168 | 80 955 |
| $C_{27}$-5α(H),14α(H),17α(H)-20S-胆甾烷 | 379 047 | 30 469 | 336 275 |
| $C_{27}$-5α(H),14β(H),17β(H)-20R-胆甾烷 | 379 333 | 65 329 | 339 224 |
| $C_{27}$-5α(H),14β(H),17β(H)-20S-胆甾烷 | 381 773 | 24 439 | 339 734 |
| $C_{27}$-5α(H),14α(H),17α(H)-20R-胆甾烷 | 351 075 | 53 151 | 284 556 |
| $C_{28}$-5α(H),14α(H),17α(H)-20S-24-甲基胆甾烷 | 173 601 | 48 734 | 171 337 |
| $C_{28}$-5α(H),14β(H),17β(H)-20R-24-甲基胆甾烷 | 540 904 | 134 514 | 471 550 |
| $C_{28}$-5α(H),14β(H),17β(H)-20S-24-甲基胆甾烷 | 659 816 | 170 223 | 588 780 |
| $C_{28}$-5α(H),14α(H),17α(H)-20R-24-甲基胆甾烷 | 430 089 | 109 146 | 378 234 |
| $C_{29}$-5α(H),14α(H),17α(H)-20S-24-乙基胆甾烷 | 483 675 | 106 110 | 458 965 |
| $C_{29}$-5α(H),14β(H),17β(H)-20R-24-乙基胆甾烷 | 634 892 | 195 496 | 557 853 |
| $C_{29}$-5α(H),14β(H),17β(H)-20S-24-乙基胆甾烷 | 504 025 | 131 292 | 420 528 |
| $C_{29}$-5α(H),14α(H),17α(H)-20R-24-乙基胆甾烷 | 466 909 | 103 105 | 398 924 |
| $C_{27}$-13β(H),17α(H)-20S-重排胆甾烷 | 47 253 | 12 626 | 56 761 |
| $C_{27}$-13β(H),17α(H)-20R-重排胆甾烷 | 217 523 | 7 327 | 195 422 |
| $C_{27}$-13α(H),17β(H)-20S-重排胆甾烷 | | 2 014 | 7 550 |
| $C_{27}$-13α(H),17β(H)-20R-重排胆甾烷 | 15 376 | 970 | 12 664 |
| $C_{28}$-13β(H),17α(H)-20S-24S-甲基重排胆甾烷 | 34 432 | | 25 682 |
| $C_{28}$-13β(H),17α(H)-20S-24R-甲基重排胆甾烷 | 245 109 | | 215 809 |
| $C_{28}$-13β(H),17α(H)-20R-24R-甲基重排胆甾烷 | 128 469 | | 142 633 |
| $C_{29}$-13β(H),17α(H)-20R-24-乙基重排胆甾烷 | 397 307 | | 324 228 |
| $C_{29}$-13α(H),17β(H)-20S-24-乙基重排胆甾烷 | 59 021 | | 46 435 |

作业表 15-2 原油甾烷参数对比表

| 油样 | 孕甾烷+升孕甾烷/规则甾烷 | 重排甾烷/规则甾烷 | $\alpha\alpha\alpha C_{27}R$ / $\alpha\alpha\alpha C_{29}R$ | $\alpha\alpha\alpha C_{27}R$ / $C_{27}—C_{29}$ | $\alpha\alpha\alpha C_{29}R$ / $C_{27}—C_{29}$ | $\alpha\alpha\alpha C_{29}$ S/S+R | $C_{29}\beta\beta$/ $(\alpha\alpha+\beta\beta)$ |
| --- | --- | --- | --- | --- | --- | --- | --- |
| 油 1 | 0.060 | 0.213 | 0.752 | 0.281 | 0.374 | 0.509 | 0.545 |
| 油 2 | | | | | | | |
| 油 3 | | | | | | | |

(3)表 15-5 为 3 个原油样品的萜烷测试数据，请根据所给的数据，进行对比参数(成熟度和环境)的计算，填入作业表 15-3，对比 3 个原油样品的参数特征，探讨 3 者之间的关系。

描述和对比 3 个油样的萜烷参数特征，根据萜烷参数对比推断 3 个原油样品的亲缘关系：

________________________________________

________________________________________

________________________________________

**表 15-5 原油萜烷数据表**

| 化合物名称 | 油 1 | 油 2 | 油 3 |
|---|---|---|---|
| | 峰面积 | | |
| $C_{19}$-长链三环萜烷 | 56 237 | 65 680 | 49 626 |
| $C_{20}$-长链三环萜烷 | 307 577 | 277 770 | 242 585 |
| $C_{21}$-长链三环萜烷 | 422 244 | 371 560 | 279 996 |
| $C_{22}$-长链三环萜烷 | 114 193 | 81 037 | 77 296 |
| $C_{23}$-长链三环萜烷 | 638 061 | 309 639 | 427 067 |
| $C_{24}$-长链三环萜烷 | 318 281 | 157 685 | 207 842 |
| $C_{25}$-长链三环萜烷 | 298 291 | 116 643 | 214 534 |
| $C_{26}$S-长链三环萜烷 | 126 309 | 69 080 | 84 227 |
| $C_{26}$R-长链三环萜烷 | 126 406 | 73 709 | 80 869 |
| $C_{24}$-四环萜烷($C_{24}$ *) | 80 212 | 90 809 | 68 113 |
| $C_{28}$S-长链三环萜烷 | 117 182 | 51 134 | 88 162 |
| $C_{28}$R-长链三环萜烷 | 104 353 | 50 811 | 75 380 |
| $C_{29}$S-长链三环萜烷 | 77 641 | 63 501 | 56 101 |
| $C_{29}$R-长链三环萜烷 | 70 040 | 48 373 | 54 166 |
| 18α-$C_{27}$三降藿烷(Ts) | 60 672 | 108 574 | 46 417 |
| 17α-$C_{27}$三降藿烷(Tm) | 119 612 | 201 433 | 115 453 |
| 17α,21β-$C_{29}$降藿烷($C_{29}$H) | 300 520 | 403 643 | 271 209 |
| 18α(H)-$C_{30}$降新藿烷($C_{29}$TS) | 111 906 | 122 587 | 94 267 |
| 17α(H)-$C_{30}$重排藿烷($C_{30}$Ret) | 31 624 | 103 834 | 22 067 |
| 17β,21α-$C_{29}$莫烷($C_{29}$M) | 185 071 | 81 350 | 150 881 |
| 17α,21β-$C_{30}$藿烷($C_{30}$H) | 786 834 | 563 715 | 642 002 |
| 17β21α-$C_{30}$莫烷 | 98 056 | 115 213 | 74 656 |
| $C_{30}$伽马蜡烷($C_{30}$G) | 707 454 | 202 837 | 520 528 |
| 17α21β-$C_{31}$藿烷(22S) | 185 007 | 169 256 | 154 316 |
| 17α21β-$C_{31}$藿烷(22R) | 99 402 | 147 755 | 85 544 |
| 17α21β-$C_{32}$藿烷(22S) | 94 192 | 87 716 | 77 418 |
| 17α21β-$C_{32}$藿烷(22R) | 66 821 | 63 740 | 53 215 |
| 17α21β-$C_{33}$藿烷(22S) | 52 941 | 67 243 | 65 460 |
| 17α21β-$C_{33}$藿烷(22R) | 27 008 | 39 389 | 19 824 |
| 17α21β-$C_{34}$藿烷(22S) | 30 241 | 34 136 | 22 337 |
| 17α21β-$C_{34}$藿烷(22R) | | 28 720 | |
| 17α21β-$C_{35}$藿烷(22S) | | 20 668 | |
| 17α21β-$C_{35}$藿烷(22R) | 37 135 | 20 152 | |

**作业表 15-3 原油萜烷参数对比表**

| 油样 | $C_{30}$G/$C_{30}$H | $C_{24}$ */$C_{30}$H | $C_{30}$R/$C_{29}$Ts | ∑三环萜烷/∑17α(H)-藿烷 | Ts/Tm | $C_{29}$M/H | $C_{30}$M/H | $C_{29}$Ts/H | $C_{31}$22S/(22S+22R) |
|---|---|---|---|---|---|---|---|---|---|
| 油 1 | 0.899 | 0.102 | 0.283 | 1.543 | 0.507 | 0.616 | 0.125 | 0.372 | 0.650 |
| 油 2 | | | | | | | | | |
| 油 3 | | | | | | | | | |

(4)根据表 15－6 提供的 3 个原油样品的碳同位素数据，制作碳同位素曲线(作业图 15－2)，根据原油碳同位素曲线的特征，进行原油异同的对比。

根据 3 个原油样品的碳同位素曲线，推断哪两个更具亲缘关系：

**表 15－6 原油碳同位素数据**

| 油样 | $\delta^{13}C$(PDB,‰) | | | | |
|---|---|---|---|---|---|
| | 原油 | 饱和烃 | 芳烃 | 非烃 | 沥青质 |
| 油 1 | －28.6 | －28.9 | －27.3 | －27.1 | －27.2 |
| 油 2 | －30.1 | －31.6 | －29.5 | －29.5 | －28.8 |
| 油 3 | －27.5 | －28.4 | －26.6 | －26.4 | －26.1 |

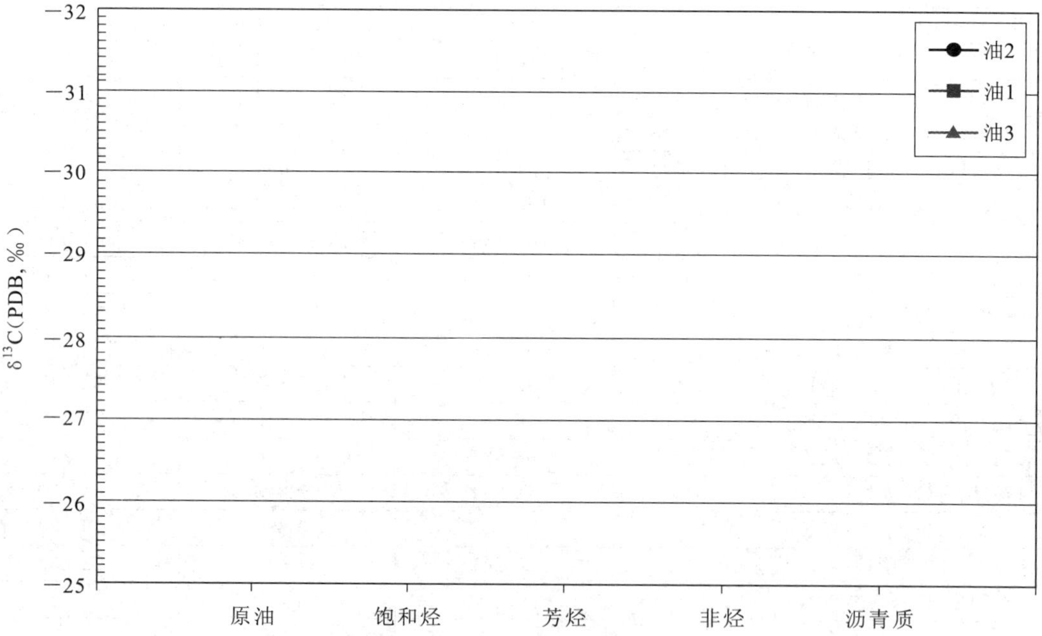


作业图 15－2 原油碳同位素曲线

(5)综合前面的分析结论，对 3 个原油的异同进行总体分析。

## 五、思考题

1. 油—油对比在石油地质研究中的意义如何？
2. 油—油对比的基本原理是什么？
3. 油—油对比的常用参数有哪些？在选取参数时要注意哪些问题？

## 主要参考文献


边立曾，张水昌，张保民等.似球状沟鞭藻化石重新解释早中寒武世甲藻甾烷的来源[J].科学通报，2000，45(23)：2554～2558.

蔡春芳，顾家裕，蔡洪美.塔中地区志留系烃类侵位对成岩作用的影响[J].沉积学报，2001，19(1)：60～63.

陈红汉.油气成藏年代学研究进展[J].石油与天然气地质，2007，28(2)：143～150.

陈荣书.石油及天然气地质学[M].武汉：中国地质大学出版社，1994.

陈文，罗修文，刘宝英等.激光显微探针$^{40}Ar/^{39}Ar$定年方法研究[J].地球学报，1994，15(1－2)：197～205.

陈振林，许浚远.背斜-水动力复合油(气)藏油(气)水界面产状[J].地球科学，2007，32(1)：89～92.

杜晓峰，范土芝.惠民凹陷流体势分布特征与油气运聚关系[J].天然气地球科学，2001，12(3)：39～43.

高岗，黄志龙.油气成藏期研究进展[J].天然气地球科学，2007，18(5)：661～666.

高先志，陈发景.应用流体包裹体研究油气成藏期次——以柴达木盆地南八仙油田第三系储层为例[J].地学前缘，2000，7(4)：548～554.

郭小文，何生.珠江口盆地白云凹陷烃源岩热史及成熟史模拟[J].石油实验地质，2007，29(4)：420～25.

郝芳等.超压盆地生烃作用动力学[M].北京：科学出版社，2005.

何生，何治亮，杨智等.准噶尔盆地腹部侏罗系超压特征和测井响应以及成因[J].地球科学，2009，34(3)：457～470.

何生，叶加仁，徐思煌等.石油与天然气地质学[M].武汉：中国地质大学出版社，2010.

姜振学，王显东，庞雄奇等.塔北地区志留系典型油气藏古油水界面恢复[J].地球科学——中国地质大学学报，2006，31(2)：201～208.

李纯泉，陈红汉，陈汉林.塔河油田奥陶系有机包裹体的油气指示意义[J].天然气工业，2004，24(10)：24～26.

李纯泉，陈红汉，张希明等.塔河油田奥陶系储层流体包裹体研究[J].石油学报，2005，26(1)：42～46.

李鹤永，刘震，马达德等.柴西地区古流体势场演化对油气成藏的控制作用[J].石油大学学报(自然科学版).2005，29(3)：11～16.

李明诚，单秀琴，马成华等.油气成藏期探讨[J].新疆石油地质，2005，26(5)：587～59.

李明诚.石油与天然气运移[M].北京：石油工业出版社，2004.

李荣西，席胜利，邸领军.用储层油气包裹体岩相学确定油气成藏期次——以鄂尔多斯盆地陇东油田为例[J].石油与天然气地质.2006，27(2)：194～217.

刘斌，沈昆.包裹体流体势图在油气运聚研究方面的应用[J].地质科技情报，1998，17(增刊)：81～86.

刘斌.$NaCl-H_2O$溶液包裹体的密度式和等容式及其应用[J].矿物学报，1987，7(4)：345～352.

刘德汉.包裹体研究－盆地流体追踪的有力工具[J].地学前缘，1995，2(3～4)：149～154.

刘刚，陈开远，张克彬等.从地震资料研究琼东南盆地松东地区流体势特征[J].海洋石油，2002，6(2)：14～19.

刘建章，陈红汉，李剑等.伊－陕斜坡山2段包裹体古流体势恢复及天然气聚集条件[J].地球科学——中国地质大学学报，2007，32(1)：93～98.

刘震，金博，韩军等.准噶尔盆地东部流体势场演化对油气运聚的控制[J].石油勘探与开发，2000，27(4)：59～63.

刘震，张万选，张厚福等.辽西凹陷北洼下第三系异常地层压力分析[J].石油学报，1993，14(1)：14～23.

卢焕章，范宏瑞，倪培等.流体包裹体[M].北京：科学出版社，2004.

路凤香，桑隆康.岩石学[M].北京：地质出版社，2001.

马启富，陈思忠，张启明等.超压盆地与油气分布[M].北京：地质出版社，2000.

穆治国，高永军.20世纪末激光显微探针定年把K－Ar年代学推向了新的里程碑[J].北京大学学报(自然科学版)，2001，37(1)：136～142.

穆治国.激光显微探针$^{40}Ar-^{39}Ar$同位素定年[J].地学前缘，2003，10(2)：301～307.

欧光习，李林强，孙玉梅.沉积盆地流体包裹体研究的理论与实践[J].矿物岩石地球化学通报，2006，25(1)：1～11.
潘钟祥.石油地质学[M].北京：地质出版社，1986.
邱华宁，彭良.$^{40}Ar-^{39}Ar$ 年代学与流体包裹体定年[M].合肥：中国科学技术大学出版社，1997.
邱华宁.新一代 Ar-Ar 实验室建设与发展趋势——中国科学院广州地球化学研究所 Ar-Ar 实验室为例[J].地球化学，2006，35(2)：133～140.
邱楠生，胡圣标，何丽娟.沉积盆地热体制研究的理论与应用[M].北京：石油工业出版社，2004.
单秀琴，胡国艺，高嘉玉.鄂尔多斯盆地中部奥陶系方解石脉中包裹体流体势研究[J].岩石学报，2003，19(2)：355～358.
石广仁等.油气盆地数值模拟方法(第三版)[M].北京：石油工业出版社，2004.
寿建峰，张惠良，斯春松等著.砂岩动力成岩作用[M].北京：石油工业出版社，2005.
宋书君，刘震，赵阳.东营凹陷通王断裂带古流体势演化及其对油气藏分布的控制[J].中国海上油气地质，2003，17(2)：108～111.
宋岩，王毅，王震亮等.天然气运聚动力学与气藏形成[M].北京：石油工业出版社，2002.
孙玉梅.对石油包裹体研究和应用的几点认识.矿物岩石地球化学通报[J]，2006，25(1)：29～32.
谈迎，刘德良，杨晓勇等.应用流体包裹体研究古流体势及油气运移[J].中国科学技术大学学报，2002，32(4)：470～480.
唐俊红，张同伟，鲍征宇.四川盆地西南部储层有机包裹体组成和碳同位素特征及其对油气来源的指示[J].地质论评，2005，51(1)：100～106.
唐俊红，张同伟，鲍征宇.四川盆地西南部流体包裹体特征及其在石油地质上的应用[J].地质科技情报，2003，22(4)：60～64.
唐俊红，张同伟，鲍征宇等.四川盆地威远气田碳酸盐岩中有机包裹研究[J].地质论评，2004，50(2)：210～214.
陶士振，张宝民，赵长毅.流体包裹体方法在油气源追踪对比中的应用——以四川盆地碳酸盐岩大型气田为例[J].岩石学报，2003，19(2)：327～336.
汪缉安，熊亮萍，杨淑贞.地热与石油[M].北京：科学出版社，1985.
王飞宇，郝石生，雷加锦.砂岩储层中自生伊利石定年分析油气藏形成期[J].石油学报，1998，19(2)：40～43.
王飞宇，何萍，张水昌等.利用自生伊利石 K-Ar 定年分析烃类进入储集层的时间[J].地质论评，1997，43(5)：540～546.
王飞宇，金之均，吕修祥等.含油气盆地成藏期分析理论和新方法[J].地球科学进展，2002，17(5)：754～760.
王芙蓉，何生，杨智等.准噶尔盆地腹部永进地区砂岩储层中碳酸盐胶结物特征及其成因意义[J].岩石矿物学杂志，2009，28(2)：169～178.
王良忱，张金亮编.沉积环境和沉积相[M].北京：石油工业出版社，1996.
王龙樟，戴橦谟，彭平安.气藏储层自生伊利石$^{40}Ar/^{39}Ar$ 法定年的实验研究[J].科学通报，2004，49(A01)：81～85.
王龙樟，戴橦谟，彭平安.自生伊利石$^{40}Ar/^{39}Ar$ 法定年技术及气藏成藏期的确定[J].地球科学——中国地质大学学报，2005，30(1)：78～82.
王启军，陈建渝.油气地球化学[M].武汉：中国地质大学出版社，1988.
王震亮，罗晓容，陈荷立等.沉积盆地地下古水动力场恢复－原理与方法[J].西北大学学报(自然科学版)，1997，27(2)：155～159.
肖贤明，刘祖发，刘德汉等.应用储层流体包裹体信息研究天然气气藏的成藏时间[J].科学通报，2002，47(12)：957～960.
谢启超，刘震.渤南坳陷流体势演化与油气运聚[J].新疆石油地质，2004，25(5)：486～488.
解习农，李思田，刘晓峰.异常压力盆地流体动力学[M].武汉：中国地质大学出版社，2006.

辛仁臣,田春志,窦同君.油藏成藏年代学分析[J].地学前缘,2000,7(3):48～54.
许浚远.再论流体势及其与圈闭和油气藏关系[J].地质科技情报,2007,26(1):57～64.
杨绪充.含油气区地下温压环境[M].东营:石油大学出版社,1993
杨智,何生,何治亮等.准噶尔盆地腹部超压层分布与油气成藏[J].石油学报,2008,29(2):199～205.
姚光庆,蔡忠贤编著.油气储层地质学原理与方法[M].武汉:中国地质大学出版社,2005.
叶加仁,陈海红,陈景阳等.东海西湖凹陷成藏流体历史分析[J].天然气工业,2006,26(9):40～43.
叶加仁,陆明德.盆地地史模拟研究述评[J].地质科技情报,1995.14(2):45～51.
叶加仁,顾惠荣.势能理论与油气勘探[J].海洋石油,2001,6(4):5～9.
叶加仁,王连进,邵荣.油气成藏动力学中的流体动力场[J].石油与天然气地质,1999,20(2):182～185.
余素玉,何镜宇.沉积岩石学[M].武汉:中国地质大学出版社,1989.
岳伏生,张景廉,曹正林等.再论石油生成和运移年龄的确定[J].新疆石油地质,2003,24(1):84～86.
张厚福等.石油地质学(第二版)[M].北京:石油工业出版社,1999.
张庆春,石广仁,田在艺.盆地模拟技术的发展现状与未来展望[J].石油实验地质,2001.23(3):312～317.
张水昌,MoldowanJM,LiM等.分子化石在寒武纪一前寒武纪地层中的异常分布及其生物学意义[J].中国科学,D辑,2001,31(4):299～304.
张文淮,陈紫英.流体包裹体地质学[M].武汉:中国地质大学出版社,1993.
张有瑜,罗修泉,宋健.油气储层中自生伊利石K-Ar同位素年代学研究若干问题的初步探讨[J].现代地质,2002,16(4):403～407.
张有瑜,罗修泉.油气储层自生伊利石K-Ar同位素年代学研究现状与展望[J].石油与天然气地质,2004,25(2):231～236.
张枝焕,常象春,曾溅辉.水一岩相互作用研究及其在石油地质中的应用[J].地质科技情报,1998,17(3):69～74.
赵澄林,陈丽华,涂强等.中国天然气储层[M].北京:石油工业出版社,1999.
赵靖舟,李秀荣.成藏年代学研究现状[J].新疆石油地质,2002,23(3):257～261.
赵靖舟,田军.塔里木盆地哈德4油田成藏年代学研究[J].岩石矿物学杂志,2002,21(1):62～68.
赵靖舟.油气成藏年代学研究进展及发展趋势[J].地球科学进展,2002,17(3):378～382.
周雯雯.有机包裹体在珠三坳陷油气运移研究中的应用[J].地质科技情报,1998,17(增刊):93～99.
朱红涛.流体势分析研究及应用[J].新疆石油学院学报,2001,13(3):9～14.
Barker,C. Thermal modelling of petroleum generation: theory and applications[J]. New York: Amsterdam: Elsevier. 1996.
Bethke C M, Reed J D, Oltz D F. Long-range petroleum migration in the Illinois Basin[J]. AAPG Bulletin, 1991,74(5):309～335.
Burruss R C. Hydrocarbon fluid inclusions in studies of sedimentary diagenesis. Short Course in Fluid Inclusions: Applications to Petrology[J]. Mineral. Assoc. Canada,1981,6:138～156.
Burruss R C. Phase behavior in petroleum-water(brine) systems applied to fluid inclusion studies(Abstract)[J]. In:PACROFIIV,Pan American Conference on Research on Fluid Inclusions,Program and Abstracts, 1992,4:116～118. Lake Arrowhead,CA.
Burruss R C. Practical aspects of fluorescence microscopy of petroleum fluid inclusions[A]. In: Barke C F,Kopp O,eds. Luminescence microscopy:qualitative and quantitative applications[R]. Society for Sedimentary Geology(SEPM) Short Course,1991,(25):1～7.
Cartwright J A. Episodic basin-wide fluid expulsion from geo-pressured shale sequences in the North Sea Basin[J]. Geology,1994,22:447～450.
Chilingar G V,Serebryakov V A and Robertson J O. Origin and prediction of abnormal formation pressures [M]. Amsterdam:Elsevier. 2002.

Dahlberg E C. Applied hydrodynamics in petroleum exploration[M]. NewYork: Springer - Verlag, 1982.

Eadington P J, Hamilton P J, Bai G P. Fluid history analysis — a new concept for prospect evaluation [J]. Australian Petroleum Production & Exploration Association Journal, 1991, 31(1): 282～294.

England W A, Mackenzie A S, Manin D M. *et al.*. The movement and entrapment of petroleum fluids in the surface[J]. Journal of the Geological Society, London, 1987, 144: 327～347.

England W A, Mackenzie A S. Geochemistry of petroleum reservoirs[J]. Geol Rundsch, 1989, 78: 214～237.

Fehn U, Peters E K, Tullai - Fitzpatrick S, *et al.*. $^{129}$I and $^{36}$Cl concentrations in waters of the eastern Clear Lake area, Califorinia: Residence times and source ages of hydrothermal fluids[J]. Geochimica et Cosmochimica Acta, 1992, 56: 2069～2079.

Fillippone W R. On the prediction of abnormally pressured sedimentary rocks from date[J]. PTC, 3662. 1979, 2667～2676.

George S C, Ahmed M, Liu Keyu, Volk H. The analysis of oil trapped during secondary migration[J]. Organic Geochemistry, 2004, 35: 1489～1511.

George S C, Lisk M and Eadington P J. Fluid inclusion evidence for an early, marine - sourced oil charge prior to gas - condensate migration, Bayu - 1, Timor Sea, Australia[J]. Marine and Petroleum Geology, 2004, 21: 1107～1128.

Goldstein R H. Fluid inclusions in sedimentary diagenetic systems[J]. Lithos, 2001, 55: 159～193.

Goldstein R H, Reynolds T J. Systematics of fluid inclusions in diagenetic minerals[J]. SEPM short course, 1994, 31: 69～85.

Grantham P J, Wakefield L L. Variations in the sterane carbon number distributions of marine source rock derived crude oils through geological time[J]. Organic Geochemistry, 1988, 12: 61～73.

Hamilton P J, *et al.*. Isotopic tracing of the province and diagenesis of lower brent group sand, North Sea[A]. In: Brooks J, Glennie K W, eds. Petroleum Geology of Northwest Europe[C]. Graham and Trotman, London, 1987. 39～949.

Hamilton P J, Giles R, Ainsworth P. K - Ar dating of illites in Brent Group Reservoir: a regional perspective [A]. In: Morton A C, et al. eds. Geology of the Brent Group[C]. London: Spec Pub Geol Soc London, 1992, 61: 377～400.

Hamilton P J, Kelly S, Fallick A E. Isotopic constraints on diagenetic processes. Radiometric dating of illite in hydrocarbon reservoirs[J]. Clay Miner, 1989, 24: 215～231.

He S. Middleton M. and Tang Z H. Characteristics and origin of underpressure system in the Shiwu Fault Depression, south - east Songliao Basin, China[J]. Basin Research, 2000, (12): 147～158.

He Sheng and Middleton Mike. Heat flow and thermal maturity modelling in the Northern Carnarvon Basin of the North West Shelf, Australia[J]. Marine and Petroleum Geology, 2002, (19): 1073～1088.

Hogg A J C, Hamilton P J, Macintyre R M. Mapping diagenetic fluid flow within a reservoir: K - Ar dating in the Alwyn area (UK North Sea) [J]. Marine Petroleum Geology, 1993, 10: 279～294.

Holba A G, Dzou L I P, Masterson W D, *et al.*. Application of 24—norcholestanes for constraining theage petroleum[J]. Organic Geochemistry, 1998, 29: 1269～1283.

Holba A G, Tegelaar E W, Huizinga B J, *et al.*. 24—norcholestanes as age—sensitive molecular fossils[J]. Geology, 1998, 26: 783～786.

Hubbert M K. Entrapment of petroleum under hydrodynamic conditions[J]. AAPG Bull, 1953, 37(8): 1954～2026.

Hunt J M. Generation and migration of petroleum from abnormally pressured fluid compartments: AAPG Bulletin[J], 1990. 74(1): 1～12.

Hunt J M. Petroleum geochemistry and geology (2nd ed.)[M]. San Francisco: W. H. Freeman and Company, 1996.

K·E·彼得斯,J·M·莫尔多万.生物标记化合物指南——古代沉积物和石油中分子化石的解释[M].北京:石油工业出版社,1995.

Karlsen D A, Nedkvitne T, LarterSR, *et al*.. Hydrocarbon composition of authigenic inclusions: application to elucidation of petroleum reservoir filling history[ J]. Geochimica et Comochimica Acta, 1993, 57 (15): 3641～3659.

Larter S R, Alpin A C. Reservoir geochemistry: methods, applications and opportunities[A]. In: Cubitt J M, England W A, eds. The Geochemistry of Reservoirs[C]. J Geol Soc London, 1995, 159～183.

Lee M, Aronson J L, Savin S M. K－Ar dating of time of gas emplacement in Rotliegendes sandstone, Netherlands [J]. AAPG Bulletin, 1985, 69: 1381～1385.

Lerche I, Thomsen R O. Hydrodynamics of oil and gas[M]. Hingham: Kluwer Academic Publishers, 1994.

Lisk M, George S C, Summons R E. *et al*.. Mapping hydrocarbon charge histories: detailed characterization of the South Pepper oil field, Carnarvon Basin [J]. APPEA Journal, 1996, 455～463.

Lisk M, O'Brien G W, Eadington P J. Quantitative evaluation of the oil－leg potential in the Oliver gas field, Timor Sea, Australia[J]. AAPG Bulletin, 2002, 86: 1531～1542.

Lovera O, Richter F and Harrison T. The $^{40}Ar/^{39}Ar$ thermochronometry for slowly cooled samples having a distribution of diffusion domain sizes [J]. Journal of Geophysical Research, 1989, 94: 17917～17935.

Lynch F E. Mineral/water interaction, fluid flow and sandstone diagenesis: evidence from the rocks [J]. AAPG Bulletin, 1996, 80(4): 486～504.

Lythaeuser D, Ruckheim J. Heterogeneity of oil composition within a reservoir as a reflectance of accumulation history[J]. Geochimica et Cosmochimica Acta, 1989, 53: 2119～2123.

Marchand A M E, Haszeldine R S, Macaula C I, *et al*.. Quartz cementation inhibited by crestal oil charge: Miller deep water sandstone, UK North Sea[C]. Clay Minerals, 2000, 35: 205～214.

Marchand A M E, Haszeldine R S, Smalley P C, *et al*.. Evidence for reduced quartz cementation rates in oil—filled sandstones[J]. Geology, 2001, 29: 915～918.

Marchand A M E, P Craig Smalley, R Stuart Haszeldine, *et al*.. Note on the importance of hydrocarbon fill for reservoir quality prediction in sandstones [J]. AAPG Bulletin, 2002, 86: 1561～1571.

Mark D F, Parnell J, Kelley S P, *et al*.. Dating of Multistage Fluid Flow in Sandstones [J]. Science, 2005, 309: 2048～2051.

Mark D F, Parnell J, Kelley S P, *et al*.. Temperature－composition－time ($T-X-t$) data from authigenic K－feldspar: An integrated methodology for dating fluid flow events [J]. Journal of Geochemical Exploration, 2006, 89: 259～262.

Mc Dougall and Harrison T Mark. Geochronolgy and Thermochronolgy by the $^{40}Ar/^{39}Ar$ Method [M]. Published by Oxford University Press, Inc., 1999, 9～165.

Moldowan J M, Dahl J, Jacobson S R, *et al*.. Chemostratigraphic reconstructuion of biofacies: Molecularevidence linking Cyst－forming dinoflagellates with pre－Triassic ancestors. Geology, 1996, 24(2): 159～162.

Moldowan J M, Lee C Y, Watt D C, *et al*.. Analysis and occurrence of C26－sterane in petroleum and source rocks[J]. Geochimica et Cosmochimica Acta, 1991, 55: 1065～1081.

Moldowan J M, Talyzina N M. Biogeochemical evidence for dinoflagellate ancestors in the early Cambrian[J]. Science, 1998, 281: 1168～1170.

Moldowan J M. Trails of life[J]. Chemistry in Britain, 2000, 36: 34～37

Moran J E, Fehn U, Hanor J S. Determination of soure ages and migration patterns of brine from the U. S. Gulf

Coast basin using $^{129}I$ [J]. Geochimica et Cosmochimica Acta, 1995, 59: 5055~5069.

Nedkvitne T, Karlsen D A, Bjrφykke K, *et al*.. Relationship between reservoir diagenetic evolution and petroleum emplacement in the Ulafield, North Sea[J]. Marine and Petroleum Geology, 1993, 10(6): 255~270.

Ourisson G, Albrecht P, Rohmer M. The microbial origin of fossil fuels[J]. Scientific American, 1984, 251: 44~51.

Parnell J, Middleton D, Chen Honghan and Hall D. The use of integrated fluid studies in constraining oil charge history and reservoir compartmentation: examples from the Jeanne d'Arc Basin, offshore Newfoundland [J]. Marine and Petroleum Geology, 2001, 18: 535~549.

Petrers K E, Moldowan J M. The Biomarker Guide. Interpreting Molecular Fossils in Petroleum and Ancient Sediments[J]. Englewood Cliffs: Prentice Hall, 1993, 230~232.

Saigal G C, Bjrφykke K, Larter S R. The effects of oil emplacement on diagenetic processes; examples from the fulmar reservoir sandstones, central North Sea[J]. AAPG Bulletin, 1992, 76(7): 1024~1033.

Sherlock S C, Lucks T, Kelley S P, Barnicoat A. A high resolution record of multiple diagenetic events: Ultraviolet laser microprobe Ar/Ar analysis of zoned K - feldspar overgrowths [J]. Earth and Planetary Science Letters, 2005, 238: 329~341.

Surdam R C, Crossley L J, Hagen E S, *et al*.. Organic - inorganic interaction and sandstone diagenesis [J]. AAPG Bulletin, 1989, 73: 1~23.

Swarbrick R E. and Osborne M J. Mechanisms that generate abnormal pressures: an overview[J]. In: Law, B. E., Ulmishek, G. F. and Slavin, V. I. eds. Abnormal pressures in hydrocarbon environments: American Association of Petroleum Geologists Memoir, 1998, 70: 13~14.

Sweeney J J, Burnham A K. Evaluation of a simple model of vitrinite reflectance based on chemical kinetics[J]. AAPG Bulletin, 1990, 74: 1559~1570.

Tasch P. Paleobiology of the Invertebrates: Data Retrieval from the Fossil Record[M]. New York: Wiley & Sons, 1980.

Tissot B and Welte D. Petroleum formation and occurrence (2nd ed.)[M]. Springer - Verlag. 1984.

Toth J C. Formational gravity flow groundwater: a mechanics of the transport and accumulation of petroleum, problems of petroleum migration[J]. AAPG Studies in Geology, 1980, 10: 121~167.

Ungerer P, Burrus J, Doligez B, Chenet P Y and Bessis F. Basin evaluation by integrated two - dimensional modeling of heat transfer, fluid flow, hydrocarbon generation, and migration[J]. AAPG Bulletin, 1990, 76, 309~335.

Volkman J K, Barrett S M, Dunstan G A, *et al*.. A new source of 4 - methyl sterols and 5a(H)- stanols in sediments: Prymnesiophyte microalgae of the genus Pavlova[J]. Organic Geochemistry, 1990, 15: 489~497.

Waples D W. Time and temperature in petroleum formation: application of Lopatin's method to petroleum exploration[J]. AAPG Bulletin, 1980, 64, 916~926.

Warnock A C and van de Kamp P C. Hump - shaped $^{40}Ar/^{39}Ar$ age spectra in K - feldspar and evidence for Cretaceous authigenesis in the Fountain Formation near Eldorado Springs, Colorado [J]. Earth and Planetary Science Letters, 1999, 174: 99~111.

Withers N. Dinoflagellate sterols[J]. In: Taylor F J R, ed. The Biology of Dinoflagelltes. Oxford: Blackwell Scientific, 1987, 316~359.

Ye Jiaren, Qing Hairuo, Stephen, L. B. and Gu, Huirong. Petroleum systems in the offshore Xihu Basin on the continental shelf of the East China Sea[J]. AAPG Bulletin, 2007. 91(8): 1167~1188.

Zhang S C, Hanson A D, Moldowan J M, *et al*.. Paleozoic oil - source rock correlations in the Tarimbasin, NW China[J]. Organic Geochemistry, 2000, 31: 273~286.